EDUCACIÓN

METODOLOGÍA DE LA ENSEÑANZA Y EL APRENDIZAJE DE LA GEOMETRÍA EN EL NIVEL PRIMARIO

Propiedades angulares de las figuras

Adriana María Ballatore
María Olga Bottazzi
Alicia María Piatti
Lucrecia Nelly Prieto

Metodología de la enseñanza y el aprendizaje de la geometría en el nivel primario: propiedades angulares de las figuras / Adriana María Ballatore... [et al.].
 - 1a ed. - Rosario: Homo Sapiens Ediciones, 2016.
 152 p.; 22x15 cm. - (Educación)

 1. Matemática. I. Ballatore, Adriana María
 CDD 372.76

© 2016 · **Homo Sapiens Ediciones**
Sarmiento 825 (S2000CMM) Rosario | Santa Fe | Argentina
Telefax: 54 341 4406892 | 4253852
E-mail: editorial@homosapiens.com.ar
Página web: www.homosapiens.com.ar

Queda hecho el depósito que establece la ley 11.723
Prohibida su reproducción total o parcial

Coordinación editorial: Julia Sabena
Diseño de interior: María Victoria Pérez

Este libro se terminó de imprimir en marzo de 2016
en **Talleres Gráficos Fervil S.R.L.** | Santa Fe 3316 | Tel: 0341 4372505
Email: fervilsrl@arnetbiz.com.ar | 2000 Rosario | Santa Fe | Argentina

Índice

Prólogo 6
Introducción 7
Material didáctico 9
Acerca de la enseñanza de la geometría 11
Enfoque didáctico de la enseñanza-aprendizaje del ángulo 13
   ¿Qué significaconocerelconceptodeángulo? 13
Medición de ángulos 19
   Comparar amplitudes 20
   Ordenar amplitudes 24
   Clasificar ángulos 25
      Ángulo recto - Rectas perpendiculares 26
      Ángulo agudo 27
      Ángulo obtuso 28
      Ángulo llano 28
   Proponer actividades que conducen a la noción intuitiva
   de medida angular 29
   ¿Qué es medir? 29
      Unidad arbitraria-unidad legal 30
      Medir es comparar 31
   Proponer actividades que conducen a la utilización
   de un instrumento para medir ángulos 33
   Equipo de ángulos de color 34
     I. Medir ángulos con unidades arbitrarias sueltas o aisladas 35
     II. Medir ángulos con unidades arbitrarias en abanico 38
     III. Medir con el goniómetro 40

Uso del transportador graduado en grados sexagesimales 46
¿Cómo usar con precisión el transportador? 47
BISECTRIZ DE UN ÁNGULO 57
¿Cómo obtener la bisectriz de un ángulo? 53
ÁNGULOS EN EL PLANO 58
    Ángulos consecutivos 58
    Ángulos complementarios y suplementarios 59
    Ángulos adyacentes 59
    Ángulos opuestos por el vértice 60
    Ángulos determinados por dos rectas paralelas
    cortadas por una transversal 61
PROPIEDADES DE LOS ÁNGULOS EN EL PLANO 64
    Propiedad de los opuestos por el vértice 64
    Propiedad de los alternos internos entre paralelas 67
    Propiedad de los conjugados externos entre paralelas 69
PROPIEDADES DE LOS ÁNGULOS EN LAS FIGURAS GEOMÉTRICAS 72
    Triángulos 72
        Propiedad de los ángulos interiores 72
        Propiedad del ángulo exterior 77
        Propiedad de los ángulos interiores del
        triángulo equilátero 79
        Propiedad de los ángulos interiores del
        triángulo isósceles 81
RELACIONES ENTRE LADOS Y ÁNGULOS DE UN TRIÁNGULO 84
    Cuadriláteros 90
        Propiedad de los ángulos interiores 90
    Polígonos 97
        Propiedad de los ángulos interiores 97
¿QUÉ ES UN PATRÓN? 100
    Regularidades 100
    Del patrón a la generalización 102
        Propiedad de los ángulos interiores de
        un polígono regular 102
        Propiedad del ángulo central en un polígono regular 104
        Relación entre la medida de un ángulo interior
        y un ángulo central de un polígono regular 106
        Propiedad de los ángulos exteriores de
        un polígono regular 107

Otro recurso metodológico para estudiar ángulos: los espejos 110
Recubrimiento del plano 116
Propuesta de trabajo
Encuentro matemático: mosaico de polígonos regulares 123
Anexo
    Trama cuadrangular 131
Anexo
    Trama cuadriculada 132
Bibliografía 133

Prólogo

Para los docentes:

A partir de las experiencias recogidas en los cursos de capacitación y perfeccionamiento docente, postítulos, capacitación en servicio, talleres, hemos intentado presentar un análisis de algunas secuencias didácticas.

Toda didáctica requiere una comprensión de los fundamentos que respondan a los problemas del proceso enseñanza-aprendizaje: *¿Qué? ¿Para qué? ¿Quién? ¿Cómo?*

En esta serie de libros nos ocuparemos precisamente del *¿Cómo?* (métodos, técnicas, actividades, recursos).

Lograr que los alumnos aprendan matemática de manera satisfactoria no es sencillo. Nuestra preocupación es que este libro no sea un tratado de matemática, sino que pretende mostrar algunos aspectos de los ***recursos metodológicos*** necesarios para el trabajo áulico.

Para ello sugerimos actividades constructivas que tienen como propósito el desarrollo de estrategias por parte de los alumnos, teniendo en cuenta la intervención docente que provoca un desafío permanente.

Las actividades pueden servir como modelo tanto en la elaboración de materiales, como en la aplicación de los mismos en los distintos momentos de la enseñanza-aprendizaje.

Estas propuestas nos parecen útiles y actualizadas.

Este libro formará parte de una colección en la que iremos abarcando distintos contenidos y aspectos referentes a geometría y medida.

Esperamos responder a sus expectativas.

Las autoras

Introducción

Pensamos la escuela, y en particular la clase de matemática, como un lugar de producción de conocimientos. En los últimos tiempos los diseños curriculares empezaron a hacer explícita esta idea y a través de sus materiales han llegado a los docentes los aportes de los especialistas.

Constantemente es necesario volver la mirada sobre los objetos matemáticos y repensar su enseñanza y aprendizaje en la escuela. Los diseños curriculares de matemática de todos los niveles adhieren al marco teórico de la didáctica francesa. No es nuestra intención desarrollar estas cuestiones, pero sí creemos necesario considerar algunos aspectos antes de introducirnos en las propuestas metodológicas.

El aprendizaje de las nociones matemáticas no se alcanza resolviendo un solo problema, o aplicando una técnica. Es necesario que los alumnos se enfrenten a un vasto repertorio de problemas en los cuales dicha noción está involucrada. Adherimos a una enseñanza de la matemática en la que el docente no presenta el "**conocimiento matemático acabado**" de entrada, sino que éste propone situaciones para que sea el alumno el que:

- Ensaye.
- Pruebe.
- Explore.
- Ponga en juego lo que sabe.
- Intente explicar.
- Argumente aunque se equivoque.

En última instancia que sea el alumno quien se *apropie del saber en cuestión*.

En el proceso del aprendizaje de la matemática en el aula, es fundamental:

- **Propiciar** el debate entre el grupo de pares.
- **Incentivar** la confrontación y el análisis.
- **Tratar** de hacer **explícitos** los procedimientos que se llevaron a cabo.
- **Incluir** las formas personales de producción.

En este quehacer, el docente interviene:

- **Brindando** material.
- **Organizando** y **analizando** las diferentes producciones de los alumnos.
- **Sosteniendo** dudas.
- **Informando** y **explicando** cuando sea necesario.
- **Dando** carácter de contenido matemático a los saberes que se ponen en juego.

Para desarrollar los distintos conceptos damos mucha importancia al material didáctico, por ello en forma permanente hacemos referencia a él para centrarnos en el enfoque didáctico de los distintos temas.

Material didáctico

Se considera "material didáctico" cualquier material diseñado con fines didácticos que requiere la acción directa del alumno, con sus manos sobre él.

Si el alumno no construye bien los conceptos, aprende recetas que caen en el olvido; cualquier **conocimiento** debe ser construido significativamente por el niño.

Todos los materiales juegan un papel importante en los procesos de aprendizaje y tienen como finalidad:

- **Consolidar** el conocimiento, construyendo a partir de la reflexión.
- **Agilizar** los procesos de aprendizaje.
- **Favorecer** la imaginación.
- **Acrecentar** la autoestima.
- **Considerar** al alumno como centro del aprendizaje.

Con respecto al material didáctico, se debe tener en cuenta que:

- No sea sofisticado.
- Todos puedan acceder a su uso.
- Ningún alumno sea mero observador.
- Sea adecuado a la edad de los niños.

El alumno debe encontrar en el entorno de la clase distintos materiales apropiados, ya sean estructurados o no estructurados. Al alumno se le debe dar la oportunidad de trabajar libremente y de realizar sus propias construcciones. En algunos casos, de acuerdo a sus necesidades, se irá de lo concreto a lo abstracto dando importancia a las fases manipulativa, verbal, gráfica y simbólica, teniendo en cuenta que el alumno debe descubrir y aprender de sus errores, discutiendo y confrontando con sus pares.

Entre los materiales que se utilizan para cualquier tipo de actividad, deben figurar:

- <u>Materiales concretos de la realidad, familiares al niño</u>: objetos de la sala, elementos de la naturaleza, juguetes, etc.
- <u>Materiales figurativos</u>: siluetas, tarjetas con representaciones de personas, animales u objetos familiares, etc.
- <u>Materiales no figurativos</u>: piezas de madera, figuras geométricas, fichas, etc.

Las actividades dirigidas por el docente deben ir encaminadas a cubrir los espacios que de manera natural no están al alcance del niño, provocando acciones y reflexiones que deben servir para encontrar nuevas pautas de descubrimiento.

Acerca de la enseñanza de la geometría

La enseñanza de la geometría en el nivel primario tiene como objeto el estudio de las propiedades de las figuras y cuerpos geométricos, por un lado, y el iniciar a los alumnos en un modo propio del saber geométrico, por otro.

En el nivel primario se trata de introducir a los alumnos en el **"modo de pensar geométrico"**, esto es, el apoyarse en propiedades estudiadas para poder anticipar relaciones no conocidas.

En este proceso cobran fundamental importancia las acciones de manipular, plegar, calcar, transformar, dibujar, construir y medir para que los alumnos:

- **Exploren** y **descubran** las relaciones y propiedades de los objetos geométricos.
- **Profundicen** los conceptos que luego serán validados en etapas posteriores de la escolaridad.
- **Resuelvan** problemas como ocurre en todo proceso de enseñanza-aprendizaje.

Todos sabemos que la matemática es una ciencia formal y que el demostrar la validez de una afirmación no es un trabajo empírico, sino un proceso racional, por el carácter mismo de la ciencia.

El rol del problema es fundamental en la construcción del sentido del conocimiento matemático, y esto es sin lugar a dudas la preocupación prioritaria de la enseñanza de los conceptos.

No es propósito de este libro el presentar propuestas de problemas para el abordaje del concepto de ángulo, pero queremos poner énfasis en este desafío.

Los problemas ponen en juego las propiedades de los objetos geométricos que pasan a pertenecer a un espacio conceptualizado representado por las figuras.

El trabajo con las figuras (representado por los dibujos) ayuda a visualizar mediante la constatación sensorial, pero volvemos sobre la idea ya expuesta: ***esta constatación sensorial, mediante un trabajo empírico, no supone la validación de la respuesta sino que abre el camino a la demostración matemática.***

Es sabido que la validez de un enunciado geométrico se basa en las propiedades de los objetos matemáticos. La construcción del sentido del conocimiento matemático (Charnay-1994) constituye una preocupación fundamental para la enseñanza y aprendizaje de la ciencia, y en dicha construcción la resolución de problemas juega un rol fundamental.

El trabajo con problemas permite a los alumnos:

- **Realizar** acciones empíricas.
- **Intercambiar** ideas.
- **Tomar** decisiones.
- **Debatir**.
- **Otorgar** significado a los nuevos conocimientos.

En actividades como el copiado de una figura, es muy probable que los alumnos reconozcan dibujos y puedan repetir su nombre, pero la necesidad de reproducirla los conduce a:

- **Buscar** relaciones entre sus elementos.
- **Explorar** estrategias.
- **Utilizar** instrumentos convencionales o no convencionales.
- **Comunicar** a sus compañeros las acciones que realizan.
- **Conjeturar**.
- **Debatir**.

En el intercambio comunicativo en el aula se van a depurar las formas del lenguaje hasta llegar al apropiado. Las acciones y formulaciones que se explicitan son organizadas por el maestro a lo largo de la gestión de la clase hasta otorgar carácter de objeto matemático a las nuevas relaciones que se producen. Este trabajo puede iniciarse desde los primeros años. A partir del segundo ciclo se puede comenzar con construcciones, esto permite reconocer y explicitar relaciones entre los elementos de las figuras y sus propiedades.

Enfoque didáctico de la enseñanza-aprendizaje del ángulo

El ángulo como "**objeto geométrico**" es un producto intelectual, como todos los que forman parte del universo matemático.

En la escuela primaria, la enseñanza de la geometría se plantea como un "**medio para la organización del espacio**" a partir de la experiencia sensorial, cuando el sujeto (alumno) interactúa con los objetos físicos. Los conceptos no emergen en forma espontánea ni mágica. Es necesario proponer situaciones que los aborden como objeto de análisis.

¿Qué significa conocer el concepto de ángulo?

Conocer el concepto de ángulo implica mucho más que reconocerlo perceptivamente y saber clasificarlo. Supone conocer con mayor profundidad las propiedades de los ángulos en las figuras y cuerpos y tenerlas disponibles a la hora de resolver problemas geométricos.

Primero recordemos algunas definiciones de ángulo que aparecen en los libros de texto:

1
- El **cambio de dirección** en un recorrido recto.
- Una **rotación** con sentido determinado.

2
- Cada una de las **cuatro partes** en que queda dividido el plano por dos rectas secantes.
- La **porción del plano** limitada por dos semirrectas del mismo origen.

3
- El resultado de la **intersección** de **dos semiplanos**.

1. En los primeros grados, el concepto de **ángulo** suele trabajarse como *una rotación alrededor de un punto fijo,* o bien asociado a la noción de *cambio de giro o dirección*.

Para ello, distintas actividades forman parte de las propuestas de enseñanza-aprendizaje del concepto de **ángulo** al comienzo de la escolaridad. Es necesario tener en cuenta que dichas actividades deben ser un instrumento para:

- **Recorrer** ángulos y **graficarlos** por medio de giros.
- **Visualizar** intuitiva y concretamente que los lados del ángulo pueden *abrirse y cerrarse*.
- **Reconocer** que la longitud de los lados del ángulo es independiente de su amplitud.

Para recorrer ángulos y graficarlos por medio de giros, son un buen instrumento los juegos en donde surja la necesidad de usar palabras que indiquen la acción de *girar* o *doblar*:

- **Jugar** al gallito ciego, carreras de autitos, **dar** órdenes para que un alumno se mueva alrededor de una circunferencia o en una calesita, etc.
- **Pedir** a los chicos que en sus cuadernos **dibujen** pistas de autos, primero en forma libre y luego cumpliendo ciertas condiciones, tales como: **realizar** una pista cerrada de cinco tramos rectos con ángulos de giro orientados a la derecha u otras condiciones.

- **Recorrer** figuras por su borde comenzando por el vértice, **realizar** recorridos siguiendo los lados, **destacar** la formación del ángulo y **observar** los giros realizados.

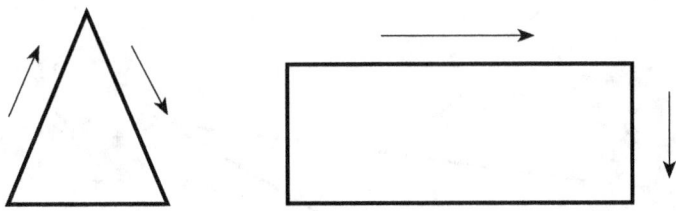

Para visualizar intuitiva y concretamente que los lados del ángulo pueden abrirse y cerrarse:

- **Utilizar** tiras de cartulina y ganchitos mariposa, para **materializar** ángulos. **Abrir** y **cerrar** las tiras modificando sus amplitudes.

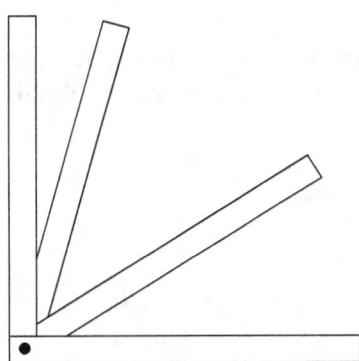

- **Usar** sogas para **armar** ángulos de distintas amplitudes.
  Tres niños ubicados en forma no alineada se toman de "la soga" en diferentes puntos para formar ángulos de distintas amplitudes.

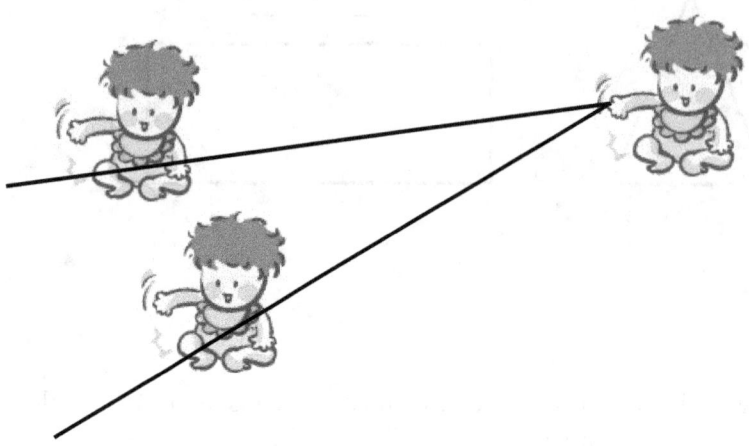

Para destacar que la longitud de sus lados es independiente de su amplitud:

- **Usar** las varillas movibles o articulables, de distintas longitudes, para **materializar** ángulos de diferente amplitud.

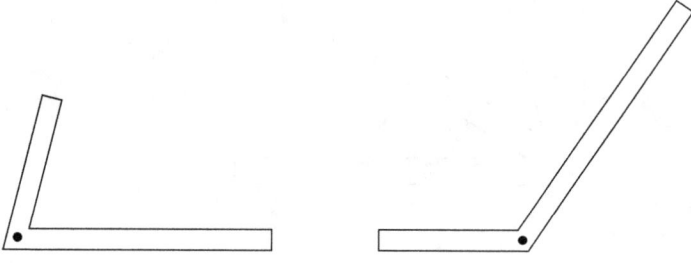

Observar:

- Elementos del aula, como puertas más o menos abiertas, y el ángulo que forman con la pared.
- El cuerpo humano: posición de brazos, piernas, cabeza, dedos.
- Esquinas del pizarrón.
- Aberturas del compás.

2. El **ángulo** obtenido a partir de *las cuatro partes en que queda dividido el plano por dos rectas que se cortan.*

- **Materializar** el plano α en una hoja de papel con bordes irregulares.
- **Plegar** y **materializar** la recta A.
- **Abrir** y volver a **plegar**, materializando otra recta B, que corte a la recta A en un punto *o*.
- **Observar**, al **abrir**, en cuántas partes queda dividido el plano.
- **Llamar** a cada región: *ángulo* y **distinguir** sus elementos.

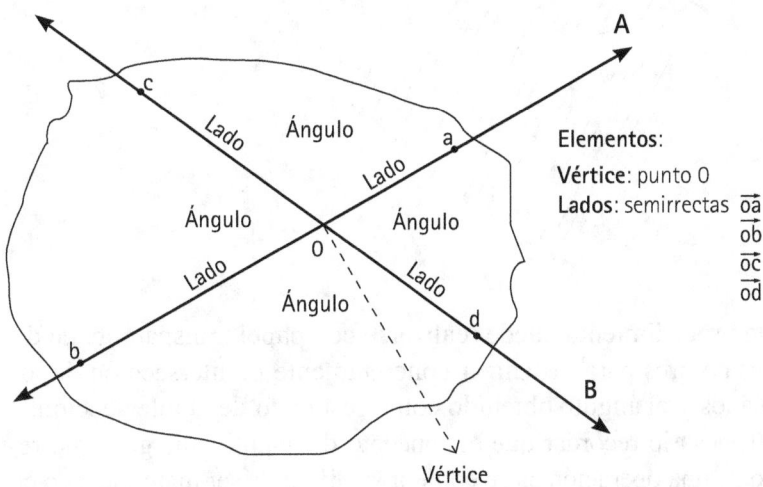

La acción de **plegar** cobra una importancia fundamental como estrategia para la obtención de ángulos en el plano.

3. El **ángulo** como intersección de semiplanos.

- **Representar** las rectas $\overleftrightarrow{ab}$ y $\overleftrightarrow{cd}$ que se cortan en el punto o.
- **Rayar** el semiplano que determina la recta $\overleftrightarrow{ab}$ y que contiene al punto d.
- **Rayar** el semiplano que determina la recta $\overleftrightarrow{cd}$ y que contiene al punto b.
- **Observar** que queda una zona con doble rayado. Esa zona representa el ángulo convexo.

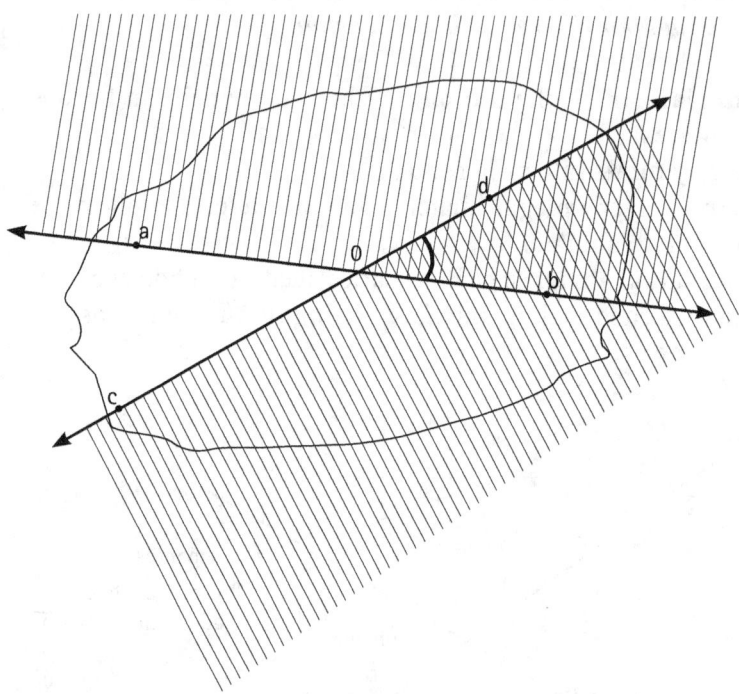

Este procedimiento puede realizarse con papel transparente de diferentes colores para visualizar concretamente la intersección de los semiplanos y el ángulo obtenido como resultado de la intersección.

Es necesario recordar que el concepto de ángulo emerge como resultado de una operación entre conjuntos, difícil de ser materializado en la realidad que circunda al alumno. Por eso es necesario pensar en qué circunstancias aparece esta noción relacionada con experiencias cotidianas y bajo qué formas se hace presente, ya sea en el uso del lenguaje matemático, en las representaciones gráficas o en los objetos reales.

Medición de ángulos

Al medir, convergen naturalmente conceptos vinculados a los números, a la geometría y al mundo físico. Los atributos medibles de un mismo objeto son variados y exigen de los alumnos diversas capacidades para identificarlos.

Medir una magnitud requiere que el alumno desvincule a ésta de otros datos perceptuales que pudieran generar confusiones, por ejemplo:

- La longitud, de la forma de la curva.
- La capacidad, de la forma y el tamaño del objeto.
- La amplitud del ángulo, de la longitud de los lados.

El aprendizaje de la medida requiere, para su comprensión, la permanente referencia a actividades referidas:

- Al proceso de medir.
- A la inexactitud de los resultados.
- Al error de medición y a qué puede ser atribuible.
- A la importancia en la selección de la unidad y del instrumento de medición adecuado para lograr la precisión requerida por la situación planteada.

Las primeras actividades enfrentarán a los alumnos con la noción intuitiva de medida angular y se verán espontáneamente orientados en la utilización de distintas técnicas que deben ser observadas y aplicadas, estrategias que ayudan a la evolución del pensamiento matemático.

> ¿Cómo se puede iniciar al alumno en la medición de ángulos?

Comparar amplitudes

En el nivel primario se pueden materializar los ángulos utilizando el **plegado y recortado** de hojas de papel, insistiendo en que los bordes representan parte de las semirrectas que son los lados del ángulo.

- **Materializar** un plano en papel con bordes irregulares.

- **Efectuar** un doblez y **marcar** la recta incluida en el plano.

- **Abrir** el papel y **plegar** nuevamente para que se produzca un nuevo doblez que corte al anterior en un punto y **marcar**.

- **Abrir** el plegado y **observar** que el plano quedó dividido en cuatro regiones: cuatro (4) ángulos.

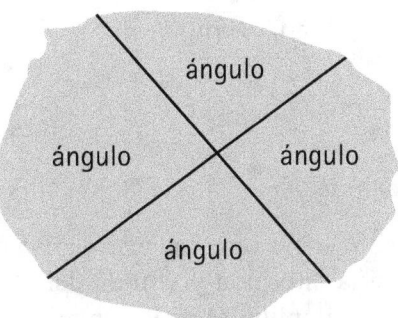

- **Recortar** para separar los cuatro ángulos.

Para efectuar la **comparación** de las amplitudes angulares se sugiere aplicar diferentes técnicas:

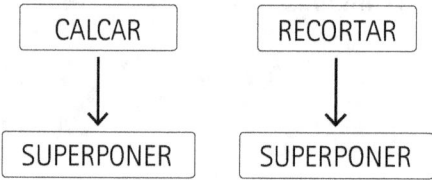

Al transportar un ángulo sobre otro haciendo coincidir los vértices y un lado, observar si la dirección y sentido del otro lado coinciden o no. Si coinciden las amplitudes de los ángulos estaremos en presencia de ángulos **congruentes**. Si esto no ocurre, uno de ellos tiene más o menos amplitud que el otro.

Al comparar un par de ángulos se establecen relaciones del tipo:

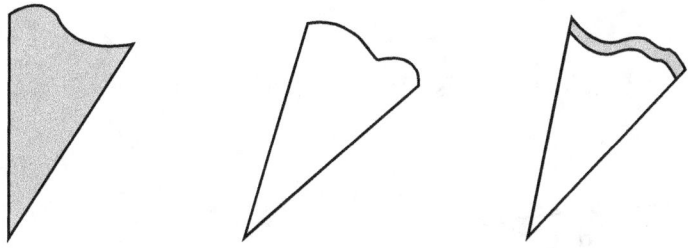

..."es congruente con"...

..."tiene la misma amplitud que"...

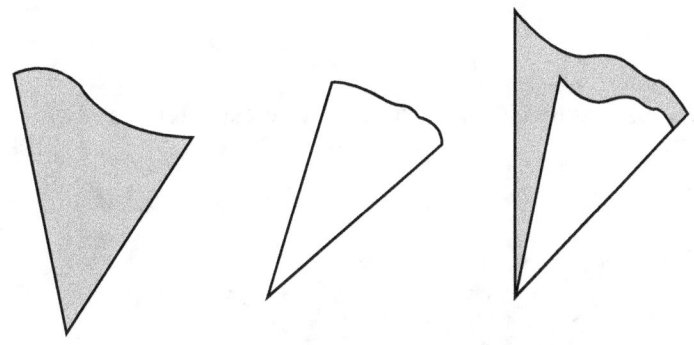

..." tiene más amplitud que"...

..."tiene menos amplitud que"...

Ordenar amplitudes

Si los ángulos no son congruentes, uno de ellos tiene más amplitud que el otro. Se puede proponer ordenar una serie de ángulos aplicando la relación:

… "tiene más amplitud que"…

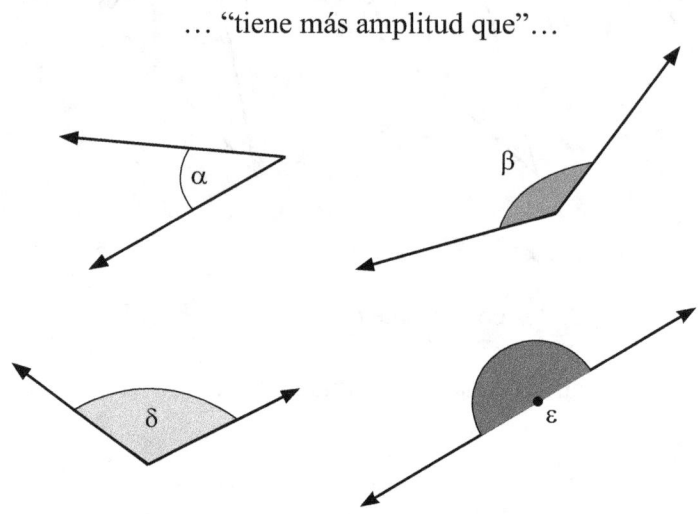

Se **calcan** los ángulos, se **superponen** y se **establece** la relación de orden:

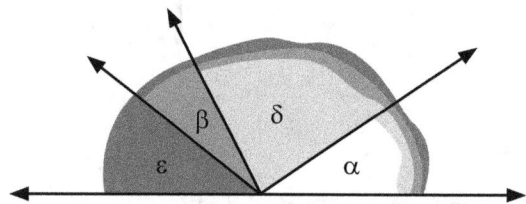

ampl. $\hat{\alpha}$ < ampl. $\hat{\delta}$ < ampl. $\hat{\beta}$ < ampl. $\hat{\varepsilon}$

Clasificar ángulos

Una vez que los niños pueden **reconocer** si los ángulos son congruentes o no, se pueden **clasificar**.

- **Materializar** un plano mediante una hoja de papel de bordes irregulares.

- **Plegar**, materializando una recta, y **observar** que se obtienen dos semiplanos.

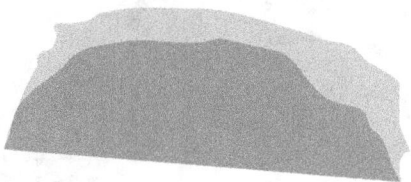

- **Sin desdoblar**, volver a **plegar**, haciéndolo coincidir sobre sí mismo.

- **Desplegar** y **observar** que quedan marcadas dos rectas que se cortan en un punto o y los cuatro ángulos determinados son congruentes entre sí.

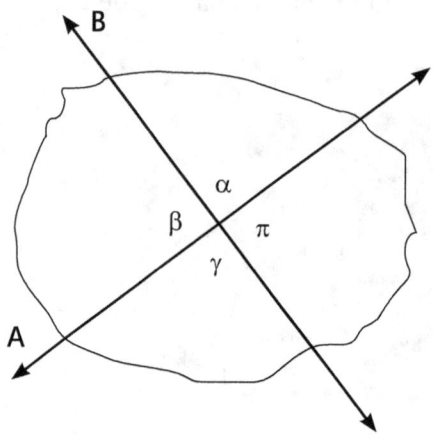

$$A \perp B$$

(*) $\hat{\alpha} =_c \hat{\beta} =_c \hat{\gamma} =_c \hat{\pi}$

Las rectas que al cortarse determinan **cuatro ángulos congruentes** *se llaman* **rectas perpendiculares** *y los ángulos se denominan* **ángulos rectos**.

(*) $=_{c\ \text{congruente}}$

- **Recortar** uno de los ángulos rectos y **usarlo** como patrón.

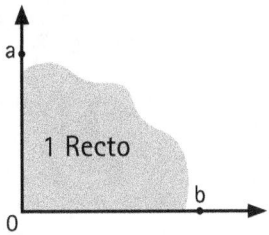

$a\hat{o}b$: ángulo recto
vértice : punto o
lados : semirrectas $\vec{oa}$ y $\vec{ob}$

- **Superponer** para encontrar ángulos rectos en los distintos elementos del salón. Aparecen, así, ángulos NO RECTOS. Surge la necesidad de reconocer ángulos de mayor o menor amplitud que la del ángulo recto.

- **Superponer** para **comparar** amplitudes, considerando como unidad el ángulo recto.

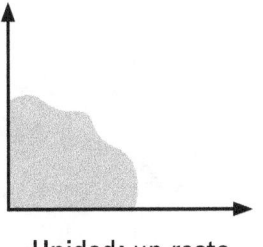 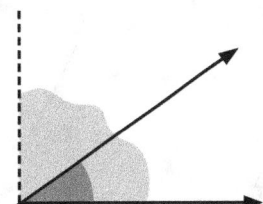

Unidad: un recto   **Agudo:** amplitud menor que un recto

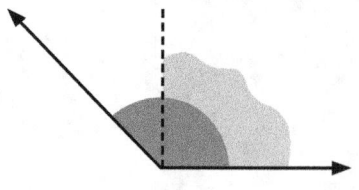
Obtuso: amplitud mayor que un recto

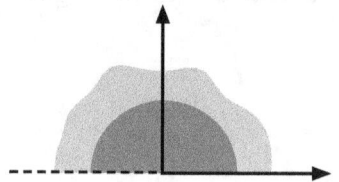
Llano: amplitud igual a 2 rectos

- **Reconocer** en la escuadra los ángulos.

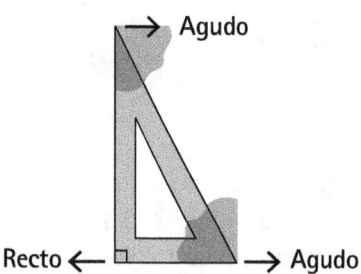

- **Verificar**, usando la escuadra, si un ángulo es recto, agudo u obtuso.

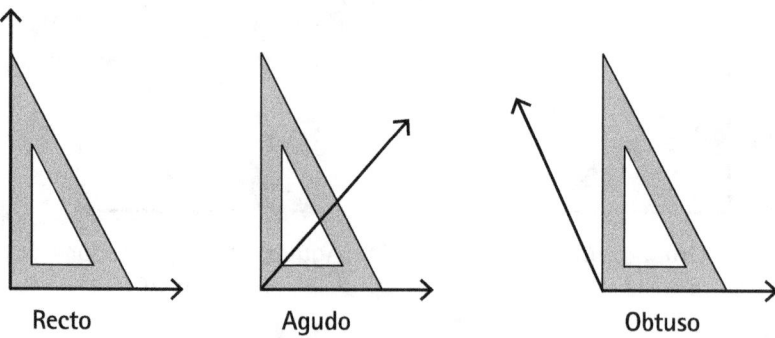

Proponer actividades que conducen a la noción intuitiva de medida angular

Una vez que el niño sabe comparar, ordenar y clasificar amplitudes angulares, se debe presentar un conjunto de actividades para iniciarlos en los conceptos de UNIDAD y de MEDIDA.

Para ello, es necesario tener en cuenta lo siguiente:

¿Qué es medir?

MEDIR es el proceso por el cual averiguamos cuántas veces una cantidad (elegida como PATRÓN o UNIDAD DE MEDIDA) está contenida en otra, obteniendo así un NÚMERO (MEDIDA) que representa esa comparación.

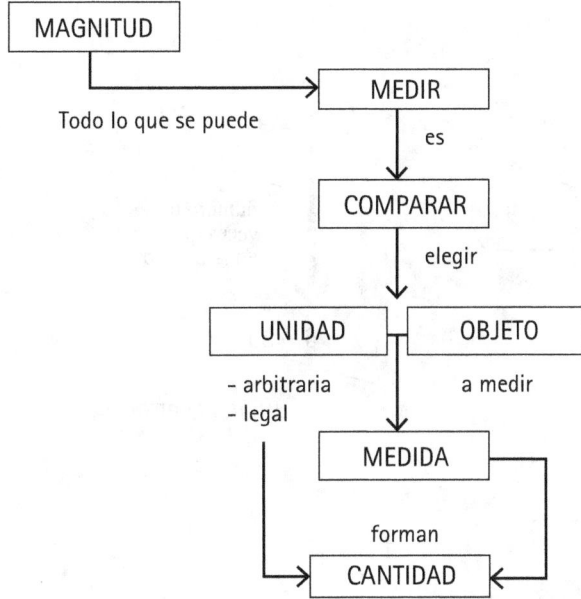

Unidad arbitraria-Unidad legal

Siempre que realizamos una medición necesitamos:

- Seleccionar la **unidad** que vamos a utilizar.

- La **unidad** utilizada debe tener correspondencia con el objeto a medir.

- Si medimos un ángulo, la **unidad** elegida, ya sea **arbitraria** o **legal**, debe ser otro ángulo.

Es necesario que el docente ponga de manifiesto la necesidad de diferenciar y relacionar estos tipos de unidades.

En el siguiente gráfico se observa que el ángulo tomado como **unidad arbitraria** entra tres veces en el ángulo dado.

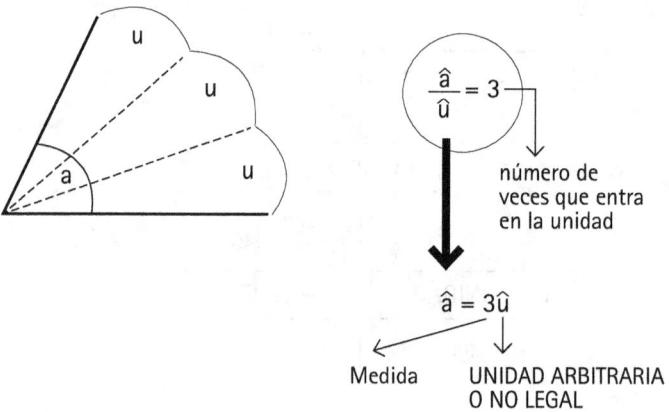

En el esquema siguiente, la amplitud del ángulo tomado como unidad es de 1° y entra 30 veces en el ángulo $\hat{\alpha}$

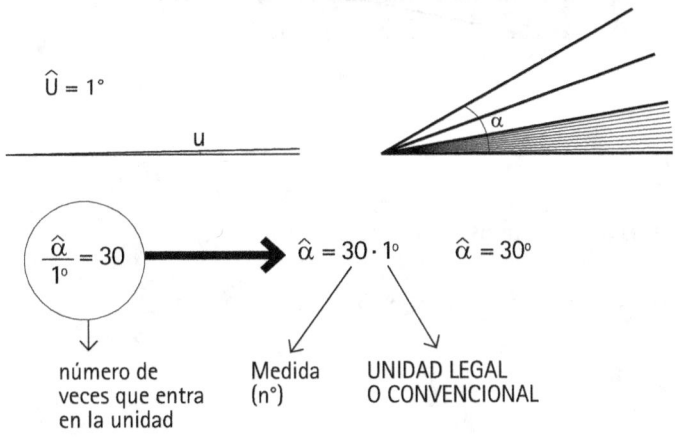

A veces no es posible utilizar la técnica del **calco** y **superposición** para establecer cuál ángulo tiene *más-menos amplitud que...* Si la diferencia es notable, los alumnos a simple vista pueden **comparar,** pueden **estimar**. En otros casos surge la necesidad de recurrir a otro procedimiento.

Medir es comparar

¿Cuál de estos ángulos tiene mayor amplitud?

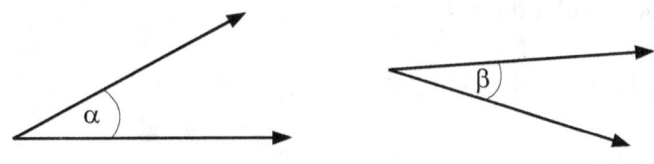

- **Elegir** un ángulo

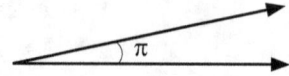

- **Calcar** $\hat{\pi}$

- **Transportar** $\hat{\pi}$ sucesivamente en $\hat{\alpha}$ y $\hat{\beta}$

- **Contar** ¿cuántos $\hat{\pi}$ caben en $\hat{\alpha}$ y en $\hat{\beta}$?

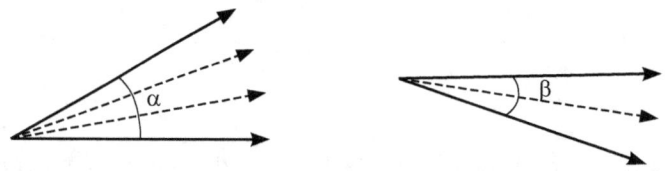

El ángulo $\hat{\pi}$ es la **unidad arbitraria.** El número de veces que se transportó sobre $\hat{\alpha}$ y $\hat{\beta}$ es la **medida** de cada uno respecto de $\hat{\pi}$.

medida de $\hat{\alpha} = 3$

medida de $\hat{\beta} = 2$

La amplitud angular de $\hat{\alpha} = 3\hat{\pi}$

La amplitud angular de $\hat{\beta} = 2\hat{\pi}$

Este proceso se llama MEDICIÓN.

Importante:

- Debe tenerse la precaución de que la medida resulte exacta.
- Las **unidades** deben **calcarse** en papel transparente y **recortarse** para poder **superponer.**

Proponer actividades que conducen a la utilización de un instrumento para medir ángulos

El uso del transportador o semicírculo graduado (grados sexagesimales) debe ser precedido por una serie de actividades que faciliten al niño la **comprensión** y el **manejo** de ese instrumento de medición. Sugerimos una propuesta didáctica adecuada para esta finalidad.

I. **Medir** ángulos utilizando unidades **arbitrarias**: sueltas o aisladas.
II. **Medir** ángulos utilizando **unidades agrupadas**, como una manera de facilitar la tarea y no tener que transportar la unidad.
III. **Proponer** mediciones con el goniómetro.

Para medir amplitudes angulares con unidades arbitrarias es útil confeccionar un:

Equipo de ángulos de color

Este material didáctico consta de ángulos materializados en cartulina, de distinto color y de diferentes amplitudes, a saber:

Unidad	Cantidad	Amplitud	Color
$\hat{U}_1$	Dos (2)	$\frac{1}{4}$ giro (90°)	Blanco
$\hat{U}_2$	Cuatro (4)	$\frac{1}{8}$ giro (45°)	Azul
$\hat{U}_3$	Ocho (8)	$\frac{1}{16}$ giro (22°30')	Celeste
$\hat{U}_4$	Tres (3)	$\frac{1}{6}$ giro (60°)	Lila
$\hat{U}_5$	Seis (6)	$\frac{1}{12}$ giro (30°)	Rojo
$\hat{U}_6$	Doce (12)	$\frac{1}{24}$ giro (15°)	Rosa
		$\frac{1}{4}$ giro (90°)	
		$\frac{1}{12}$ giro (30°)	
$\hat{U}_7$	Dieciocho (18)	$\frac{1}{36}$ giro (10°)	Anaranjado
		$\frac{1}{6}$ giro (60°)	
$\hat{U}_8$	Nueve (9)	$\frac{1}{18}$ giro (20°)	Amarillo

I. Medir ángulos con unidades arbitrarias sueltas o aisladas

Para medir una amplitud angular, usaremos otro ángulo: **unidad de medida** (por ejemplo: Unidad roja: $\hat{U}_5$). Se ubicarán consecutivamente tantas $\hat{U}_5$ como sean necesarias para cubrir el ángulo a medir.

El número de unidades usadas para el cubrimiento es la **medida** del ángulo respecto a la unidad tomada (debe tenerse en cuenta la precaución de que la medida resulte exacta).

Este tipo de actividades de **medición** de **amplitudes angulares** utilizando **unidades arbitrarias** son muy necesarias para permitir al niño llegar a los conceptos de UNIDAD y MEDIDA.

- **Medir** los ángulos, utilizando $\hat{U}_5$ (color rojo) como **unidad de medida**.

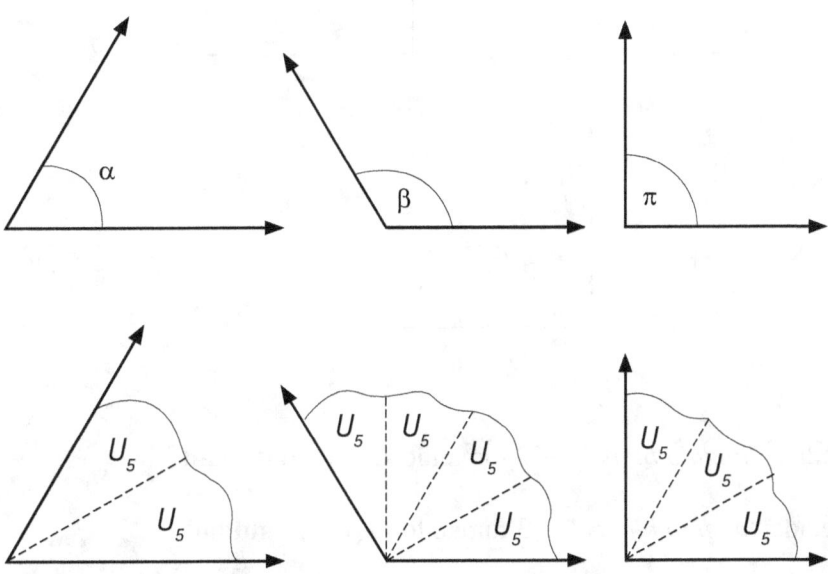

Tomando $\hat{U}_5$ como unidad, resulta:

medida $\hat{\alpha} = 2$

medida $\hat{\beta} = 4$

medida $\hat{\pi} = 3$

- **Medir** el ángulo *blanco*, utilizando $\hat{U}_2$ (azul); $\hat{U}_5$ (rojo) y $\hat{U}_3$ (celeste).

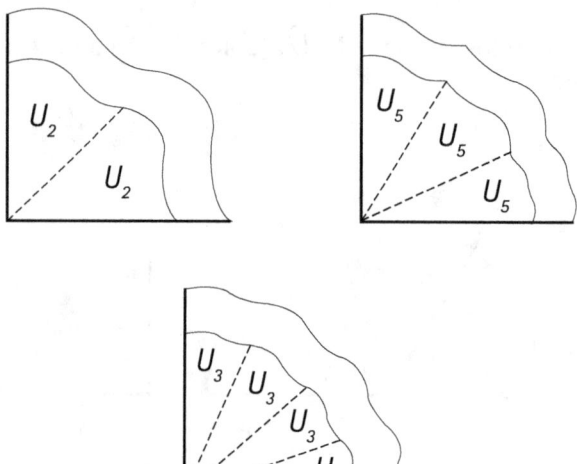

medida "*ángulo blanco*" = 2 tomando $\hat{U}_2$ como **unidad**

medida "*ángulo blanco*" = 3 tomando $\hat{U}_5$ como **unidad**

medida "*ángulo blanco*" = 4 tomando $\hat{U}_3$ como **unidad**

Observaremos que, aunque la amplitud del ángulo es la misma, varía la **medida**, pues ésta es un número que depende de la **unidad** que se emplea.

- **Medir** los ángulos y **completar** el cuadro.

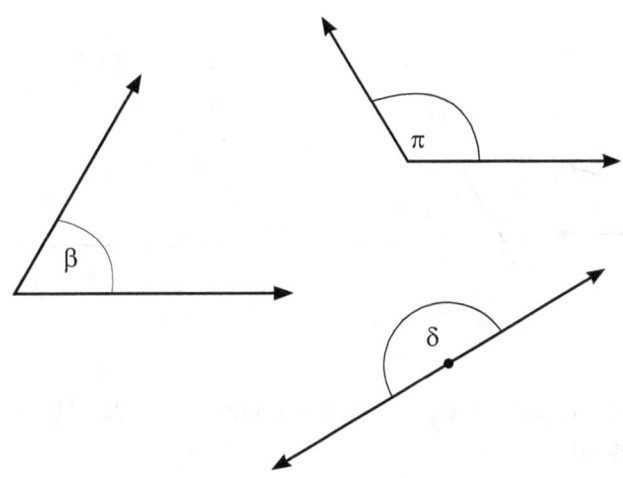

	ROSA $\hat{U}_6$	ROJO $\hat{U}_5$	LILA $\hat{U}_4$
$\hat{\beta}$ (60°)*			
$\hat{\pi}$ (120°)			
$\hat{\delta}$ (180°)			

Medición de *distintos ángulos* con la misma **unidad**

Medición de *un mismo ángulo* con distintas **unidades**

Se sugiere al docente elegir amplitudes angulares que sean múltiplo de la unidad de medida.

---

* El dato 60°, 120°, 180° es sólo para el docente.

II. Medir ángulos con unidades arbitrarias en abanico

En papel de calcar se preparan unidades agrupadas y así se obtiene una nueva unidad.

- **Medir** ángulos.

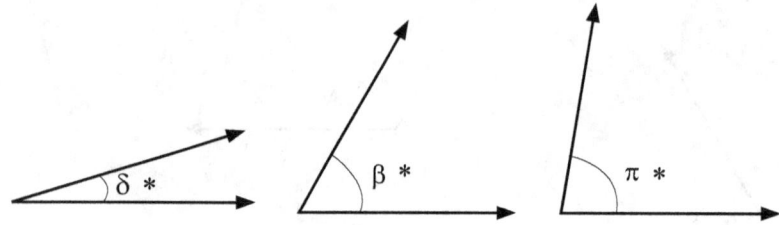

- **Utilizar** un ángulo $\hat{U}$ equivalente a cuatro unidades $\hat{U}_8$ (color amarillo).

- **Confeccionar** un ángulo $\hat{U}$ en papel transparente, tal como muestra el modelo.

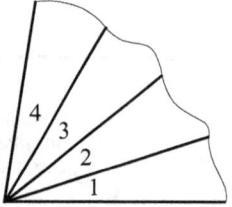

---

* $\hat{\delta} = 20°$; $\hat{\beta} = 60°$ $\hat{\pi} = 80°$.

Al apoyar $\hat{U}$ en cada uno de los ángulos, coincidiendo el vértice y uno de los lados, se comprobará que:

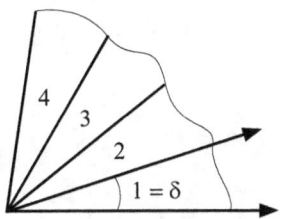

medida de $\hat{\delta} = 1$

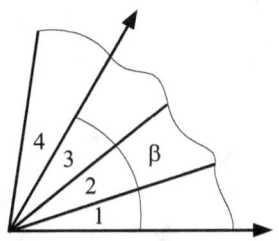

medida de $\hat{\beta} = 3$

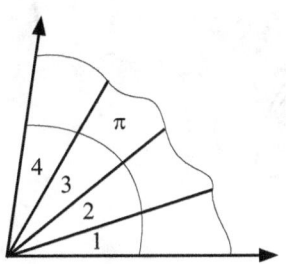

medida de $\hat{\pi} = 4$

III. Medir con el GONIÓMETRO

Para medir ángulos mayores que $\hat{U}$ (unidades agrupadas) la medición se dificulta. Se propone entonces armar nuevas unidades.

En círculos de papel transparente o acetato se representan las unidades arbitrarias agrupadas; éstas se pueden obtener por plegado a partir de un círculo.

- **Recortar** un círculo en papel transparente.

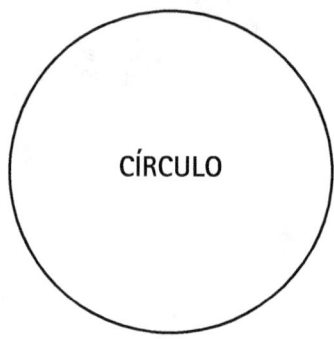

- **Doblar** por la mitad para obtener un pliegue.

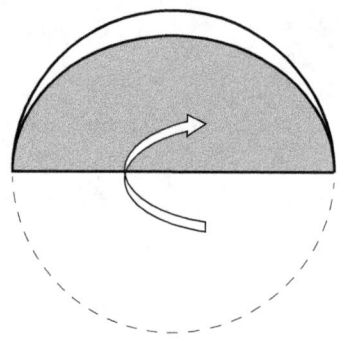

- **Replegar** haciendo coincidir el pliegue sobre sí mismo; se obtiene un ángulo recto.

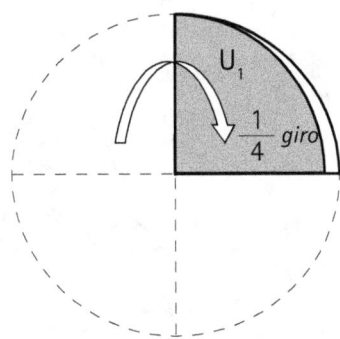

- **Abrir** para **visualizar** las cuatro unidades en forma agrupada.

$\hat{U}_1 = \dfrac{1}{4}$ giro = 1 ángulo recto

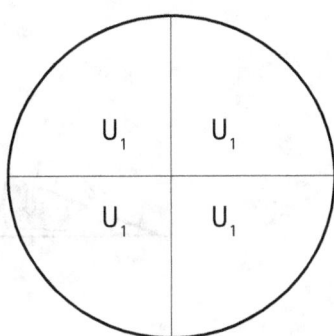

- **Repetir** la experiencia continuando el plegado sobre la anterior para obtener otras unidades menores.

a partir de $\frac{1}{4}$ giro $\longrightarrow$ $\frac{1}{8}$ giro $\left(\frac{1}{2} \text{ de } \frac{1}{4}\right)$ $\hat{U}_2$ (azul)

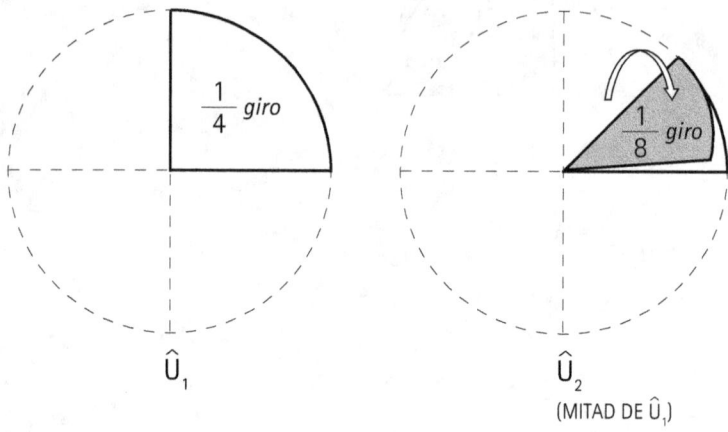

a partir de $\frac{1}{8}$ giro $\longrightarrow$ $\frac{1}{16}$ giro $\left(\frac{1}{2} \text{ de } \frac{1}{8}\right)$ $\hat{U}_3$ (celeste)

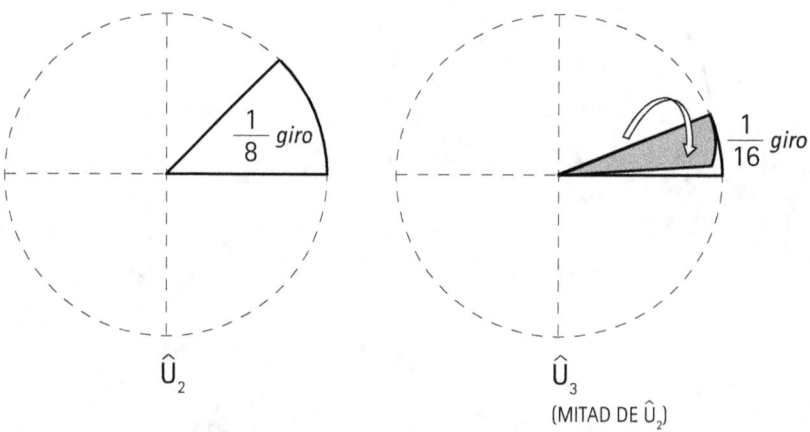

- **Recortar** un círculo en papel transparente.
- **Doblar** por la mitad; se obtiene un ángulo llano $\left(\dfrac{1}{2}\ giro\right)$.

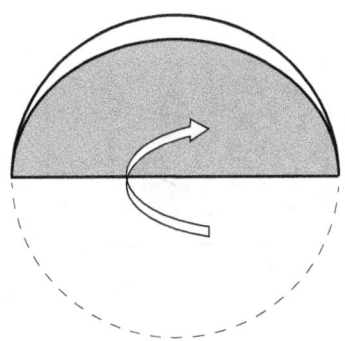

- **Volver a plegar** dividiendo en tercios y así obtener la $\hat{U}_4 = \dfrac{1}{6}\ giro$.

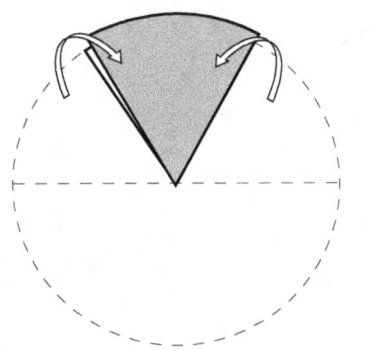 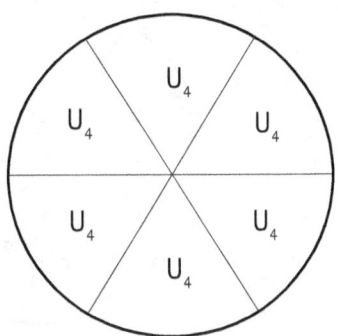

a partir de $\dfrac{1}{2}\ giro \longrightarrow \dfrac{1}{6}\ giro,\ \left(\dfrac{1}{3}\ de\ \dfrac{1}{2}\right)\ \hat{U}_4$ (lila).

Antes de presentar el transportador o semicírculo graduado convencional, nada nos impedirá la práctica de la medición en un semicírculo —de papel— graduado con unidades arbitrarias.

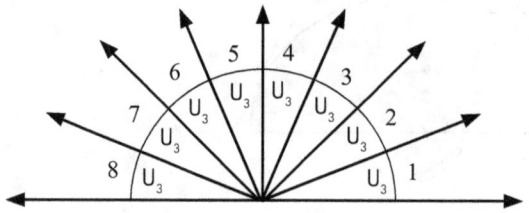

- **Medir** ángulos.
  - Con el **goniómetro**.

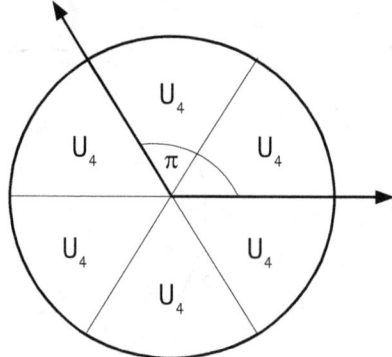

medida de $\hat{\pi} = 2$ respecto de la unidad $\hat{U}_4 \left(\dfrac{1}{6} \text{ giro}\right)$.

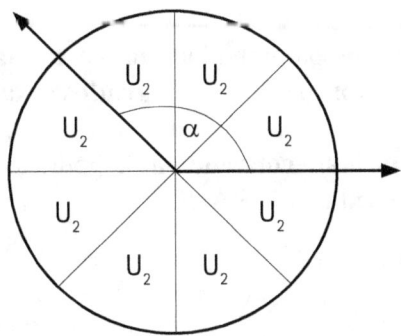

medida de $\hat{\alpha} = 3$ respecto de la unidad $\hat{U}_2 \left(\dfrac{1}{8} \, giro \right)$.

- Con el **semicírculo** de **papel**.

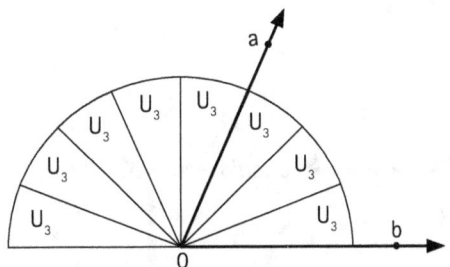

medida $a\hat{o}b = 3$ respecto de la unidad $\hat{U}_3$ (color celeste).

Uso del transportador graduado en grados sexagesimales

Las experiencias citadas prepararán al alumno para **manejar correctamente** el **transportador graduado en grados sexagesimales** y realizar su **lectura**.

Al ser presentada la **unidad convencional**, podrá comprender que ella es **un ángulo** que se llama GRADO.

$$U = 1°$$
——————— u ——————— UN GRADO

1°: es la unidad de medida angular del SISTEMA SEXAGESIMAL de medición de ángulos.

Definición: 1° es la noventa-ava parte de un ángulo recto.

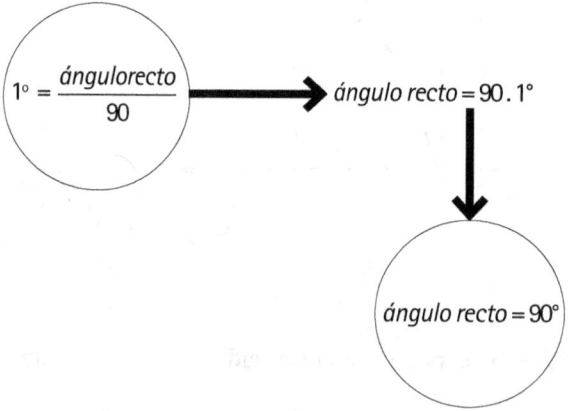

SUBMÚLTIPLOS:

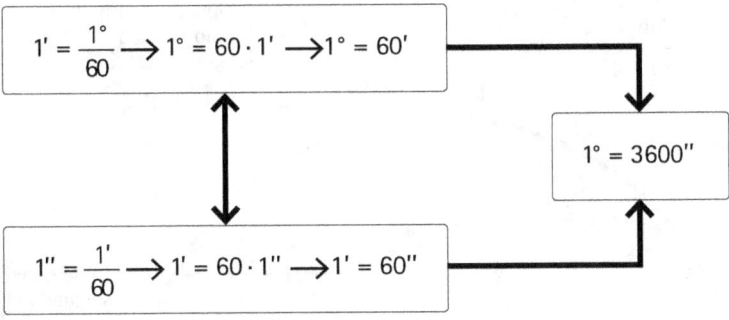

Es necesario que el niño vea la unidad aislada para luego reconocerla en las 180 unidades que presenta el instrumento convencional.

La mayor dificultad consiste en que el alumno comprenda que está contando los ángulos de 1° comprendidos entre los lados del ángulo a medir.

> *¿Cómo usar con precisión el transportador?*

El uso correcto del transportador es fundamental para medir ángulos en cualquier posición.

Es conveniente construir con acetato un "transportador de demostración", de medidas adecuadas, para poder ser visto con claridad desde cualquier lugar de la clase.

Un transportador como el modelo facilitará la tarea.

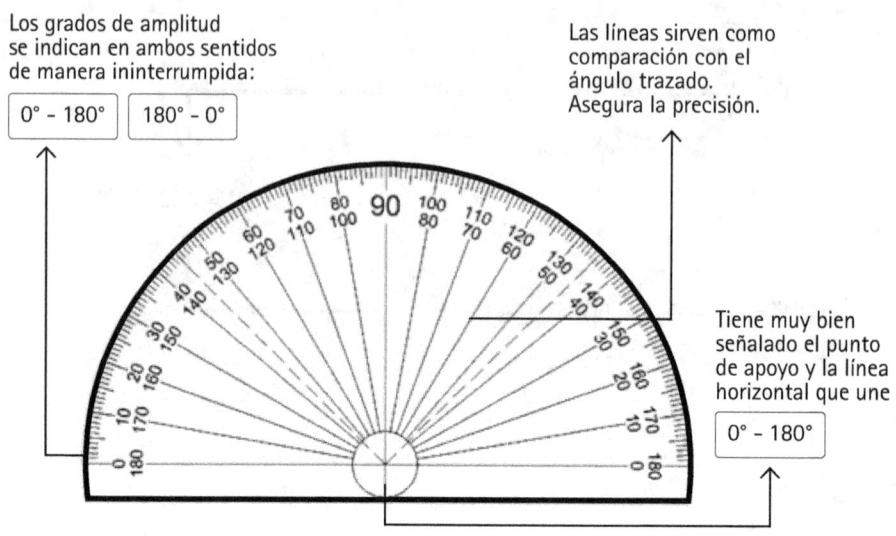

Observar la correcta ubicación del transportador en cada medición.

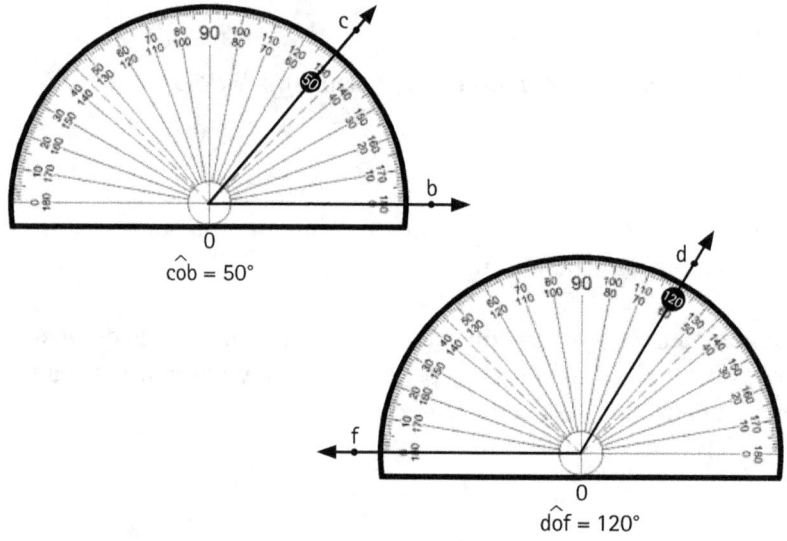

$\hat{cob} = 50°$

$\hat{dof} = 120°$

Supongamos que debemos medir un ángulo de 75°. Puede suceder que la semirrecta donde se apoya el transportador...

... se ubique de manera horizontal

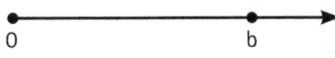

... o en otra posición

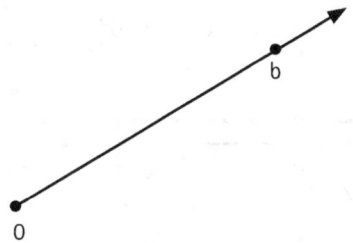

En esos casos la correcta ubicación del transportador es:

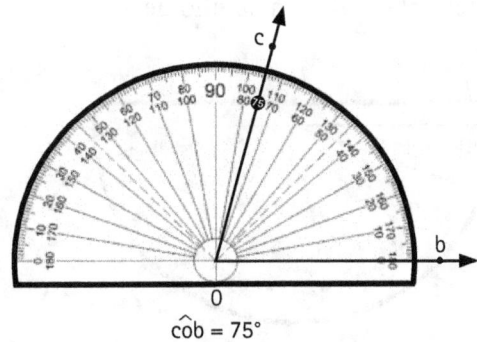

$\hat{cob} = 75°$

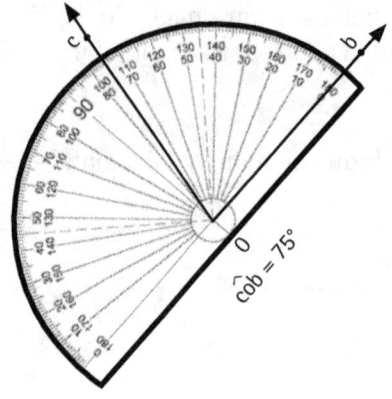

También es importante saber medir invirtiendo el transportador

Sobre la semirrecta $\overrightarrow{or}$ señalar un ángulo de 120°

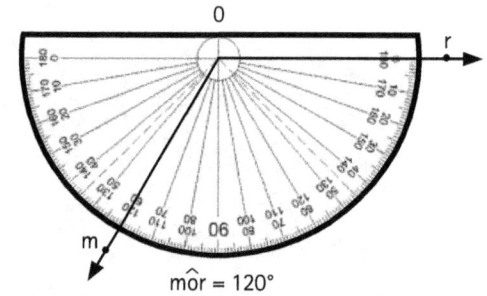

Sobre la semirrecta $\overrightarrow{ot}$ señalar un ángulo de 20°

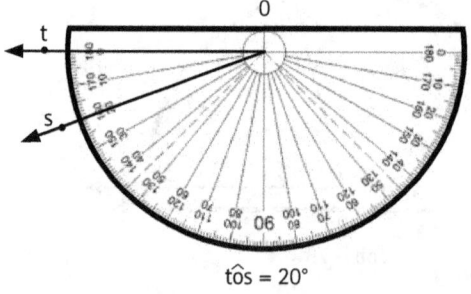

Para las actividades sobre mediciones de ángulos utilizando el transportador es conveniente tener en cuenta la siguiente secuencia:

1. **Medir** ángulos variando la posición de su vértice.

Un lado horizontal Vértice a izquierda	
Un lado horizontal Vértice a derecha	
Lados oblicuos Vértice hacia abajo	
Lados oblicuos Vértice hacia arriba	

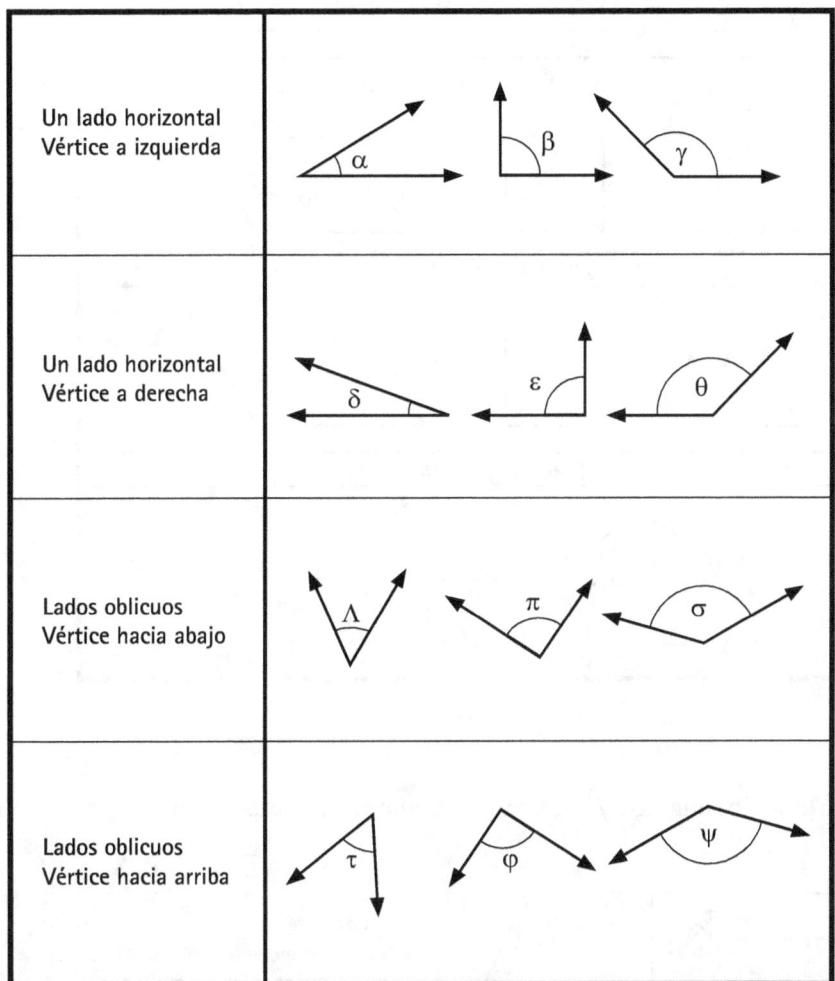

2. **Medir** el ángulo $\hat{\beta}$, considerándolo como ángulo interior de distintas figuras.

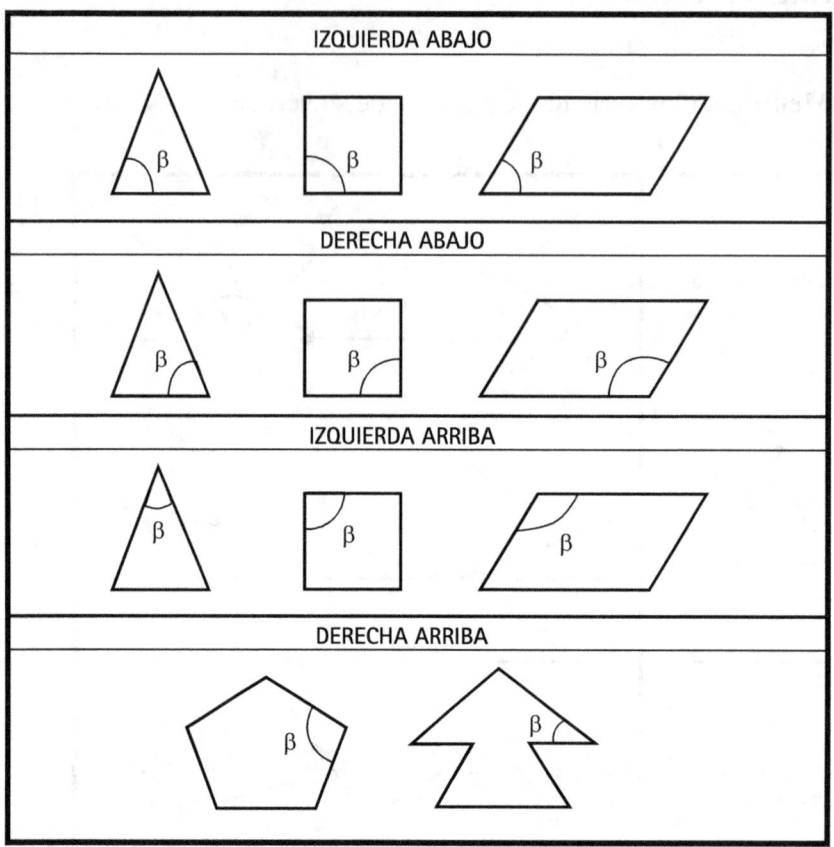

3. **Medir** los ángulos $\hat{\beta}$, correspondientes a las caras de un cuerpo.

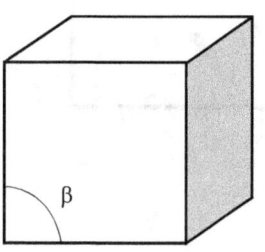 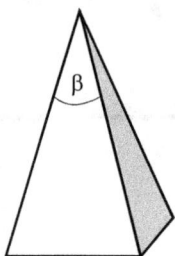

Importante:
No es conveniente medir ángulos en cuerpos dibujados porque la perspectiva los hace variar. Se miden ángulos en cuerpos de plástico, acrílico o madera.

Bisectriz de un ángulo

¿Cómo obtener la bisectriz de un ángulo?

En algunas situaciones problemáticas necesitamos dividir un ángulo en partes congruentes y se hace indispensable recurrir al trazado de la bisectriz.

> Recordemos que la ***bisectriz*** *de un ángulo es la semirrecta interior a dicho ángulo que permite dividirlo en dos partes congruentes.*

1. **Por plegado.**

   - **Dibujar** un ángulo en papel.

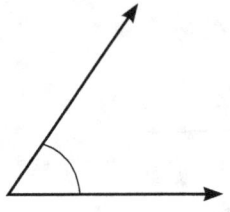

- **Obtener** por calco un ángulo congruente con él.

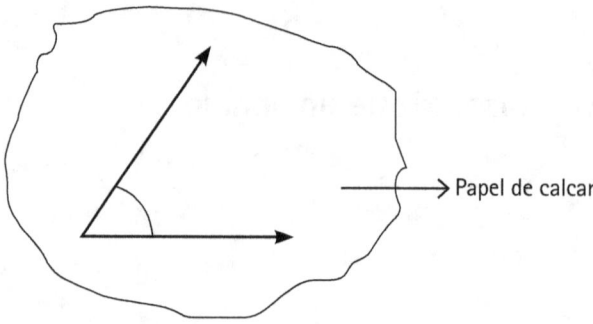

- **Plegar** el calco de modo que los lados del ángulo coincidan; marcar el doblez.

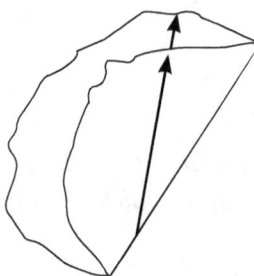

- **Observar** que el ángulo quedó dividido en dos ángulos congruentes.

- **Llamar** a la semirrecta determinada por el doblez: **bisectriz del ángulo:**

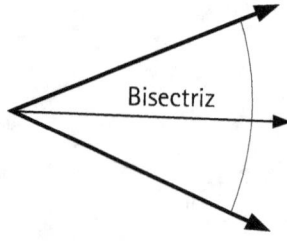

2. **Con regla graduada.**

- **Dibujar** un ángulo.
- **Marcar** en cada lado del ángulo los segmentos:

$$\overline{oa} = \overline{oc} \quad y \quad \overline{ob} = \overline{od}$$

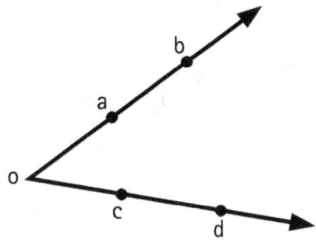

- **Unir** el punto *a* con el punto *d* y el punto *b* con el punto *c*.

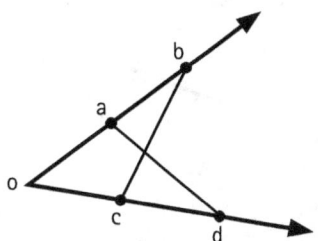

- **Observar** que la intersección de los segmentos $\overline{ad}$ y $\overline{bc}$ determinan el punto *m*.

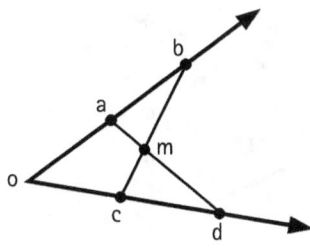

- **Unir** el vértice *o* con el punto *m* y prolongar. La semirrecta dibujada es la **bisectriz del ángulo**.

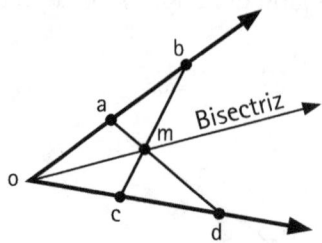

3. **Con regla y compás**

- **Dibujar** un ángulo.

- **Trazar** con el compás un arco con centro en el vértice. Quedan determinados los puntos a y b en los lados del ángulo:

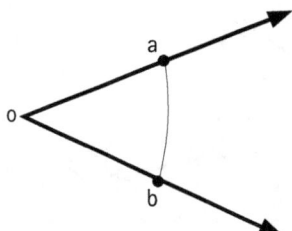

- Con centro en los puntos *a* y *b*, **trazar** dos arcos de igual abertura de modo que se corten en el punto *m*.

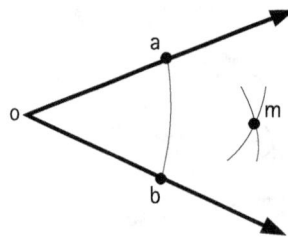

- **Unir** los puntos *o* y *m* y **prolongar**. La semirrecta construida es la **bisectriz del ángulo**.

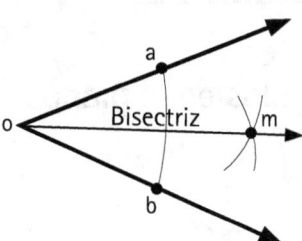

Ángulos en el plano

Teniendo en cuenta algunos ángulos particulares, consideramos los siguientes pares de ángulos.

Ángulos consecutivos

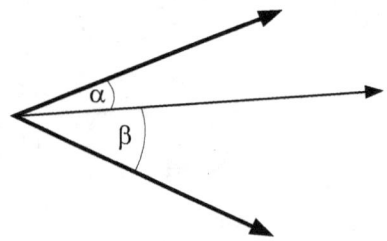

Los ángulos $\hat{\alpha}$ y $\hat{\beta}$ tienen el mismo vértice y sólo un lado común.

> *Los ángulos $\hat{\alpha}$ y $\hat{\beta}$ son* **CONSECUTIVOS** *si tienen el mismo vértice y sólo un lado común.*

Ángulos complementarios y suplementarios

Ángulos	Suma geométrica	Suma de sus amplitudes	Relación entre $\hat{\alpha}$ y $\hat{\beta}$
		med. $\hat{\alpha}$ + med. $\hat{\beta}$ = 90°	$\hat{\alpha}$ y $\hat{\beta}$ son COMPLEMENTARIOS
		med. $\hat{\alpha}$ + med. $\hat{\beta}$ = 180°	$\hat{\alpha}$ y $\hat{\beta}$ son SUPLEMENTARIOS

Ángulos adyacentes

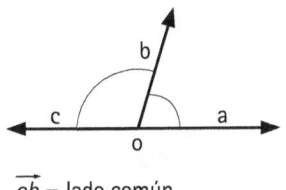

$\vec{ob}$ = lado común

$\vec{oa}$ y $\vec{oc}$ = semirrectas opuestas

> *Dos ángulos son **adyacentes** cuando tienen un lado común y sus otros dos lados son semirrectas opuestas.*

Los ángulos **adyacentes** son suplementarios

Si $\hat{\alpha}$ y $\hat{\beta}$ son **adyacentes** $\longrightarrow$ med. $\hat{\alpha}$ + med. $\hat{\beta}$ = 180°

Ángulos opuestos por el vértice

Trazar dos rectas secantes A y B que se corten en el punto *o*.

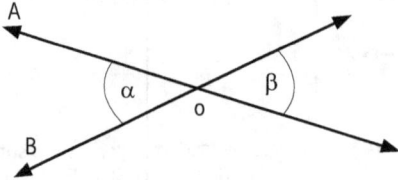

Los ángulos $\hat{\alpha}$ y $\hat{\beta}$ son ángulos **opuestos por el vértice.**

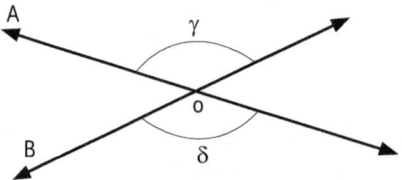

Los ángulos $\hat{\gamma}$ y $\hat{\delta}$ también son ángulos **opuestos por el vértice.**

> *Dos ángulos son **opuestos por el vértice** si los lados de uno son las semirrectas opuestas de los lados del otro.*

Ángulos determinados por dos rectas paralelas cortadas por una transversal

Si dos rectas paralelas son cortadas por una recta transversal quedan determinados ocho ángulos:

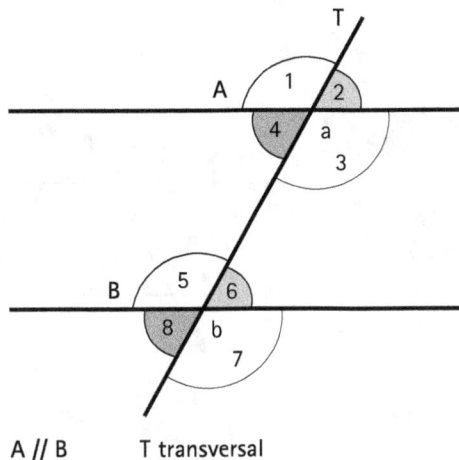

A // B   T transversal

Ángulos correspondientes $\begin{cases} \hat{1} y \hat{5} \\ \hat{2} y \hat{6} \\ \hat{4} y \hat{8} \\ \hat{3} y \hat{7} \end{cases}$

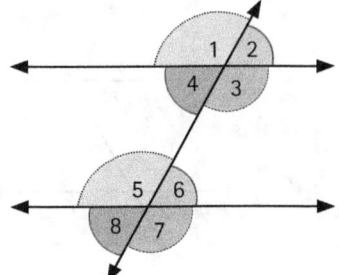

Ángulos alternos

→ Internos → $\begin{cases} \hat{4} y \hat{6} \\ \hat{3} y \hat{5} \end{cases}$

→ Externos → $\begin{cases} \hat{1} y \hat{7} \\ \hat{2} y \hat{8} \end{cases}$

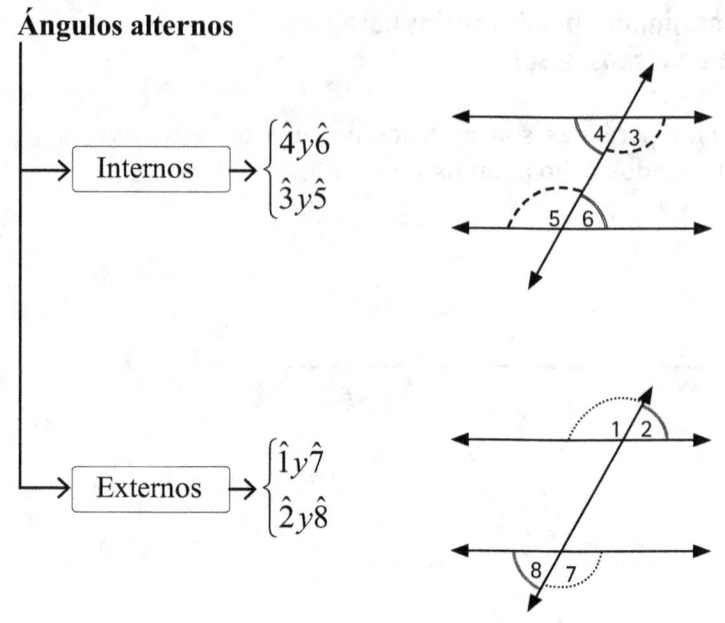

Ángulos conjugados

→ Internos → $\begin{cases} \hat{3} y \hat{6} \\ \hat{4} y \hat{5} \end{cases}$

→ Externos → $\begin{cases} \hat{1} y \hat{8} \\ \hat{2} y \hat{7} \end{cases}$

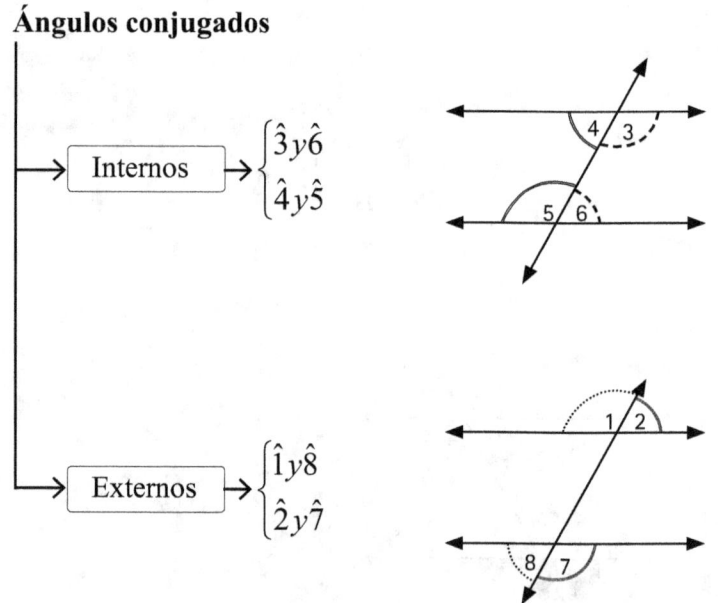

Propiedades de los ángulos en el plano

Para verificar las propiedades de los ángulos en el plano se sugieren diferentes estrategias.

> Propiedad: Los ángulos **opuestos por el vértice** son **congruentes**.

1. **Por recortado.**

- **Dibujar** un par de ángulos opuestos por el vértice en una hoja de papel.

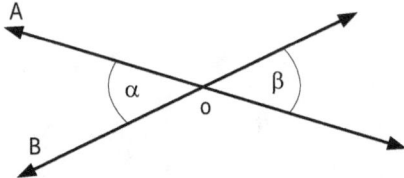

- **Recortar** uno de los ángulos.

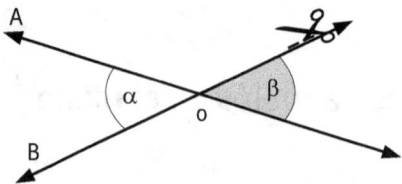

- **Superponer** en el otro.

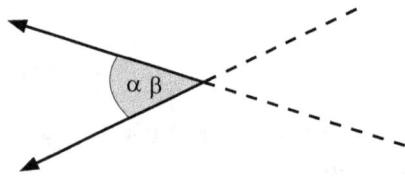

- **Verificar** la propiedad

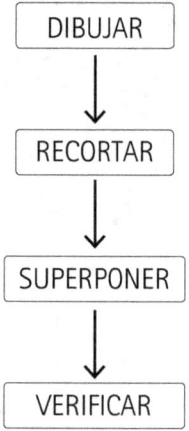

2. **Por calco**

- **Dibujar** un par de ángulos opuestos por el vértice en una hoja de papel.

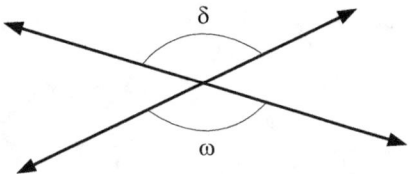

- **Calcar** uno de los ángulos.

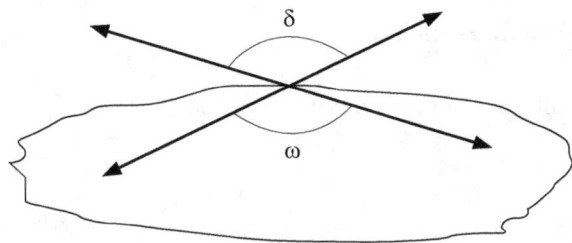

- **Superponer** en el otro.

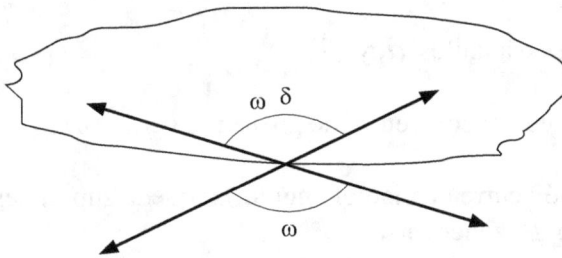

- **Verificar** la propiedad: ***Los ángulos opuestos por el vértice son congruentes.***

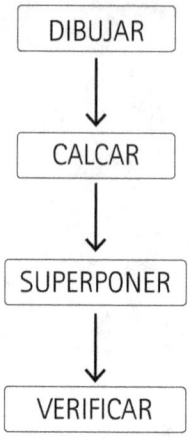

3. **Por movimiento de rotación**

- **Dibujar** dos ángulos opuestos por el vértice.

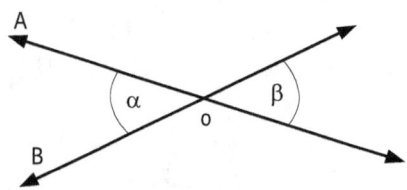

- **Calcar** el par de ángulos $\hat{\alpha}$ y $\hat{\beta}$.

- **Rotar** media vuelta con centro de giro en el vértice *o*.

- **Observar** qué ocurre cuando el ángulo $\hat{\alpha}$ queda superpuesto con el ángulo $\hat{\beta}$ y viceversa.

- **Verificar** la propiedad: *Los ángulos opuestos por el vértice son congruentes.*

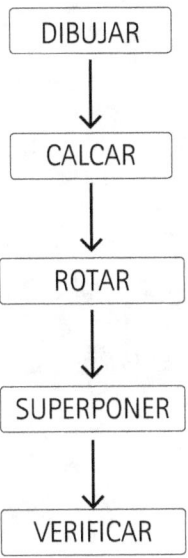

Propiedad: Los **ángulos alternos** internos entre paralelas son **congruentes**.

Por calco y movimiento

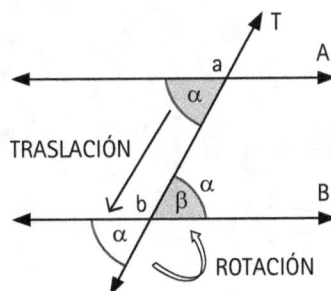

- En el dibujo **ubicar** un par de ángulos alternos internos ($\hat{\alpha}$ y $\hat{\beta}$).

- **Colorear**.

- **Calcar** el ángulo $\hat{\alpha}$.

- **Trasladar**
  - → dirección $\overrightarrow{ab}$
  - → sentido $\overrightarrow{ab}$
  - → medida $\overline{ab}$

- **Rotar**
  - → centro de giro b
  - → amplitud $\frac{1}{2}$ giro
  - → sentido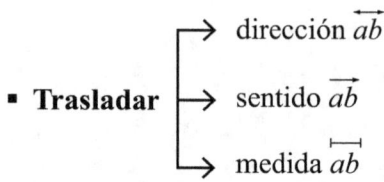

- **Superponer** el ángulo $\hat{\alpha}$ con el ángulo $\hat{\beta}$.

- **Concluir**: *Los ángulos $\hat{\alpha}$ y $\hat{\beta}$, ángulos **alternos internos** entre A // B y T transversal, son **congruentes** (igual medida).*

$$\hat{\alpha} =_c \hat{\beta}$$

med. $\hat{\alpha}$ = med. $\hat{\beta}$

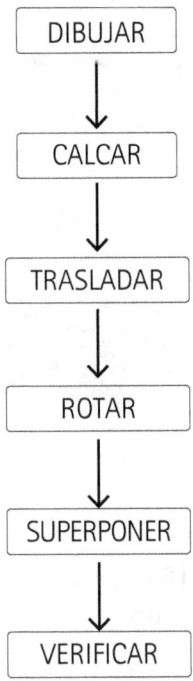

> Propiedad: Los ángulos **conjugados externos** entre paralelas son **suplementarios**.

Por calco y movimiento

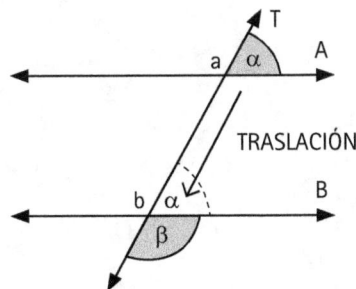

- En el dibujo **ubicar** un par de ángulos conjugados externos ($\hat{\alpha}$ y $\hat{\beta}$).

- **Colorear.**

- **Calcar** el ángulo $\hat{\alpha}$.

- **Trasladar**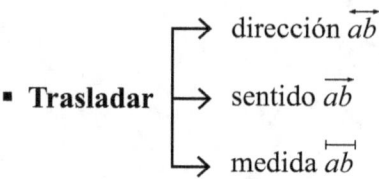
  - → dirección $\overrightarrow{ab}$
  - → sentido $\overrightarrow{ab}$
  - → medida $\overline{ab}$

- **Observar** y **verificar**: $\hat{\alpha} \cup \hat{\beta}$ = ángulo llano
  med. $\hat{\alpha}$ + med. $\hat{\beta}$ = 180°
  $\hat{\alpha}$ y $\hat{\beta}$ son suplementarios

- **Concluir**: *Los ángulos* $\hat{\alpha}$ *y* $\hat{\beta}$, *ángulos* ***conjugados externos*** *entre A // B y T transversal, son* ***suplementarios***.

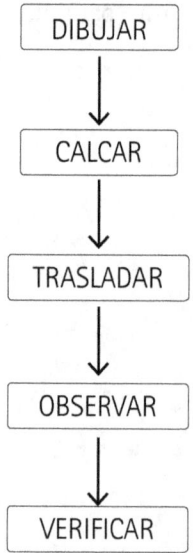

Utilizando estrategias similares, se pueden verificar propiedades de los otros pares de ángulos determinados por dos rectas paralelas cortadas por una transversal:

- Correspondientes.
- Alternos externos.
- Conjugados internos.

Propiedades de los ángulos en las figuras geométricas

Para verificar las propiedades de los ángulos en los polígonos se sugieren diferentes acciones.

TRIÁNGULOS

> Propiedad: La suma de las **amplitudes** de los **ángulos interiores** de un **triángulo** es un **ángulo llano.**

1. **Por recortado.**

- **Dibujar** un triángulo en una hoja de papel y recortar.

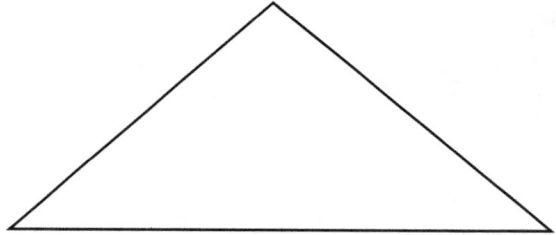

- **Recortar** los ángulos interiores.

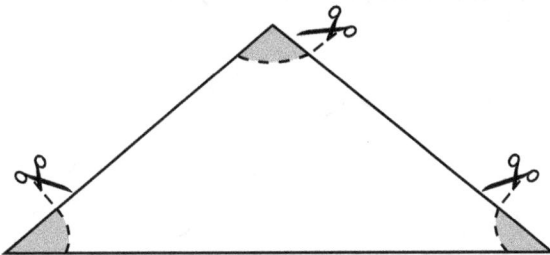

- **Colocar** en forma consecutiva los tres ángulos interiores del triángulo (suma geométrica).

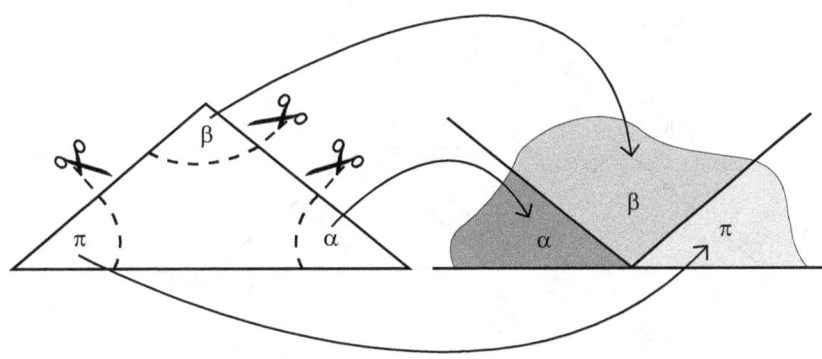

- **Observar** y **clasificar** el ángulo obtenido.

- **Concluir**: *La suma de las **amplitudes** de los **ángulos interiores** de un **triángulo** es un **ángulo llano.***

2. **Por plegado.**

- **Recortar** un triángulo en una hoja de papel.

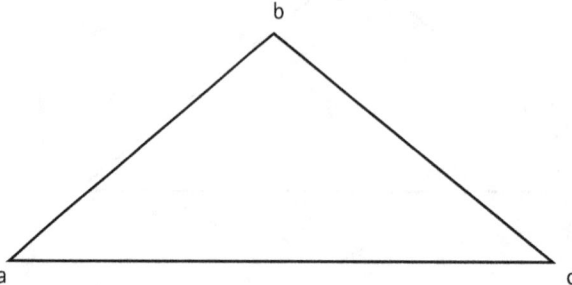

- **Plegar** un ángulo, por ejemplo $\hat{b}$ hasta que su vértice toque el lado opuesto (el doblez debe resultar paralelo al lado).

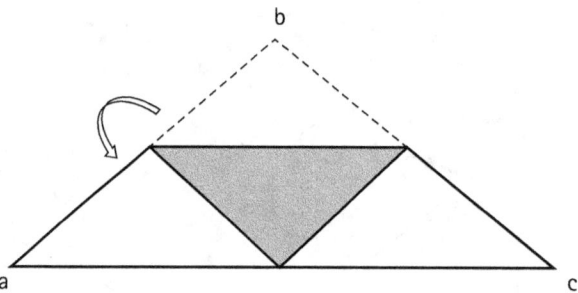

- **Doblar** los ángulos $\hat{a}$ y $\hat{c}$ de modo que los 3 ángulos resulten consecutivos.

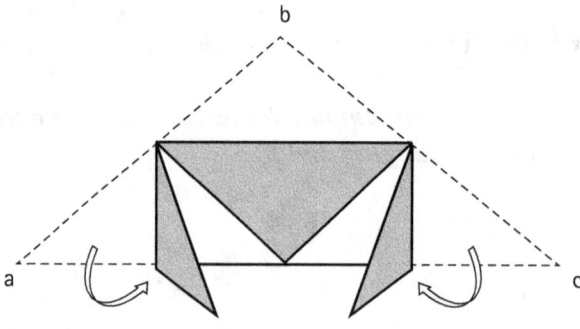

- **Observar** el ángulo obtenido.

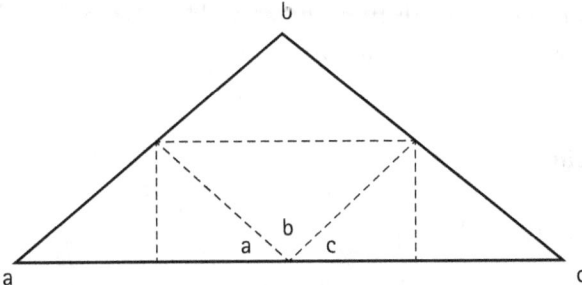

- **Concluir**: *La suma de las **amplitudes** de los **ángulos interiores** de un **triángulo** es un **ángulo llano**.*

3. **Por construcción**

- **Construir** un triángulo e indicar sus ángulos interiores.

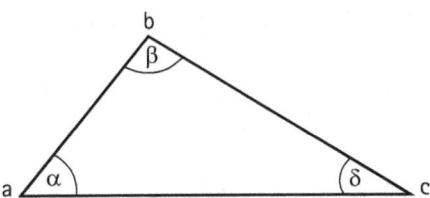

- **Efectuar** la **suma geométrica** de los ángulos interiores.
  Suma geométrica: Trasladar a partir de una semirrecta, en forma consecutiva, ángulos congruentes a los ángulos interiores del triángulo.

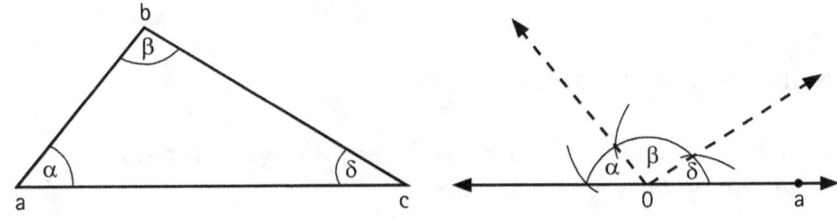

- **Observar** el ángulo obtenido.

- **Concluir:** *La suma de las **amplitudes** de los **ángulos interiores** de un **triángulo** es un **ángulo llano.***

4. **Por medición**

- **Dibujar** un triángulo.

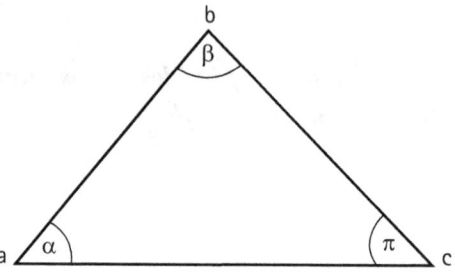

- **Medir** con el transportador o semicírculo cada ángulo interior del triángulo.

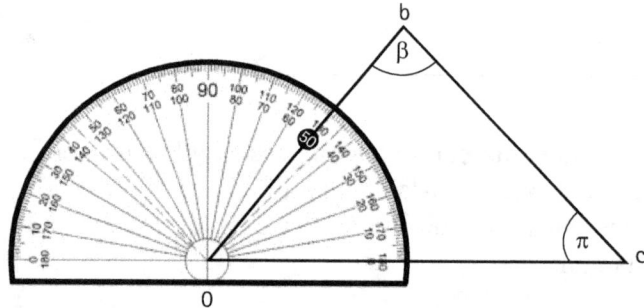

- **Sumar** las medidas de los tres ángulos.

- **Concluir**: *La suma de las **amplitudes** de los **ángulos interiores** de un **triángulo** es un **ángulo llano.***

OBSERVACIÓN

Es conveniente proponer la MEDICIÓN de los ángulos interiores del triángulo con distintos transportadores. Al efectuar la medición puede presentarse que el resultado de la suma de los ángulos sea mayor o menor que 180°.

Surge así que cada medición está afectada de una incerteza o error que tiene su origen en que el observador se ve obligado a apreciar una fracción de la mínima división de la escala. Esta situación se produce generalmente cada vez que se realiza una medición directa.

Esto se denomina **error de apreciación**, originado por la mala lectura, por defectos visuales o por la posición del observador.

Resulta importante mencionar que existen otros tipos de errores tales como:

- **Error sistemático**: es el que proviene de una imperfección en el aparato de medición.

- **Error accidental o casual**: es el que depende de las condiciones ambientales (factores externos); esto ocurre en mediciones de alta precisión (humedad, luminosidad del lugar).

Propiedad: La amplitud de cada **ángulo exterior de un triángulo** es igual a la **suma de las amplitudes** de los **ángulos interiores no adyacentes a él.**

---

1. **Por recortado.**

- **Dibujar** un triángulo.

- **Trazar** un ángulo exterior.

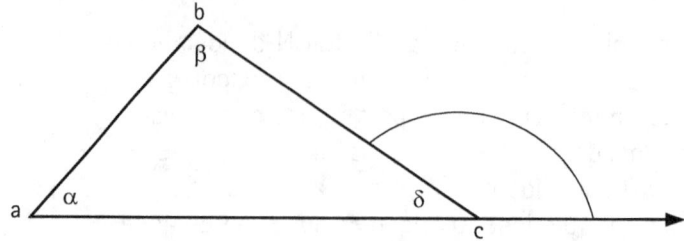

- **Calcar** el triángulo y **recortar** los ángulos interiores no adyacentes a él.

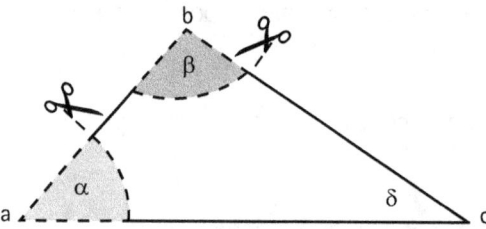

- **Efectuar** la suma geométrica de ambos y **superponer** sobre el ángulo exterior.

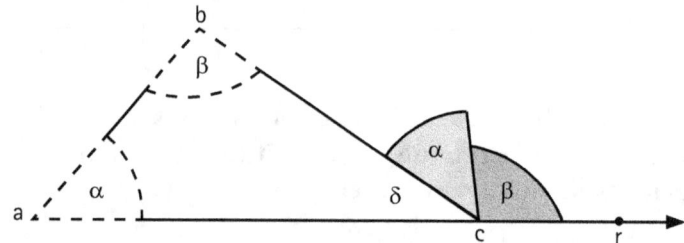

- **Comprobar** la congruencia del ángulo exterior con el ángulo unión de los no adyacentes a él.

$$\text{Amplitud } b\hat{c}r = \text{amplitud } \hat{\beta} + \text{amplitud } \hat{\alpha}$$

2. **Por medición.**

- **Dibujar** un triángulo.

- **Medir** con el transportador un ángulo exterior y los dos interiores no adyacentes a él.

- **Sumar** las medidas de los ángulos interiores.

- **Concluir**: *La medida del **ángulo exterior** es igual a la **suma** de las medidas de los **ángulos interiores no adyacentes a él**.*

Propiedad: El triángulo **equilátero es equiángulo**.

---

1. **Por recortado.**

- **Dibujar** un triangulo equilátero en una hoja de papel y **recortar** sus ángulos interiores.

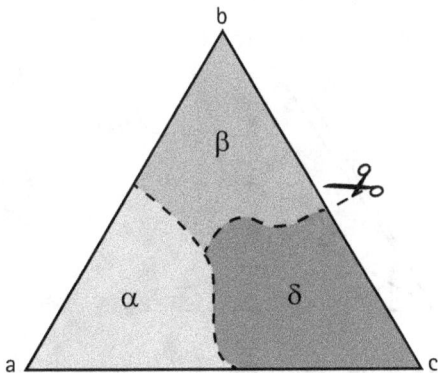

- **Superponer y verificar** la congruencia.

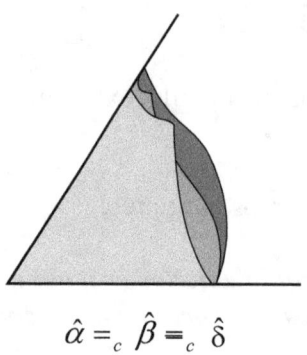

$$\hat{\alpha} =_c \hat{\beta} =_c \hat{\delta}$$

2. **Por plegado**

- **Dibujar** un triángulo equilátero en una hoja de papel y **recortar.**

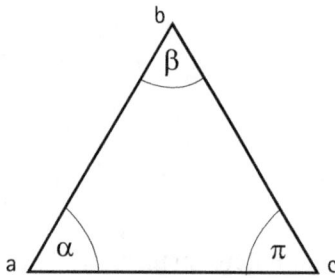

- **Plegar**, buscando **superponer** sus ángulos interiores.

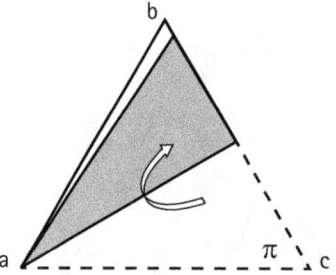

- **Verificar:** *Los **ángulos interiores** del triángulo **equilátero** son **congruentes**.*

> Propiedad: En el triángulo **isósceles** los **ángulos** que se oponen a los lados congruentes son congruentes.

1. **Por recortado.**

- **Dibujar** un triángulo isósceles en una hoja de papel.

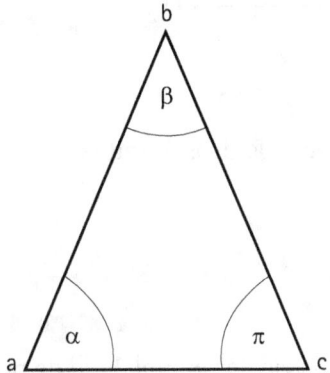

- **Identificar** los ángulos interiores que se oponen a los lados congruentes. **Calcar** y **recortar** uno de ellos ($\hat{\pi}$).

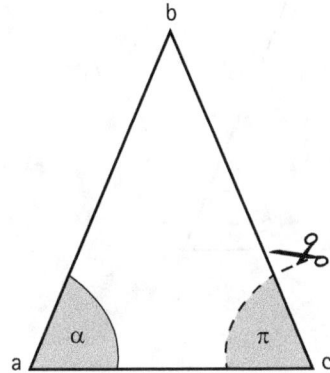

- **Superponerlo** sobre el otro ($\hat{\alpha}$).

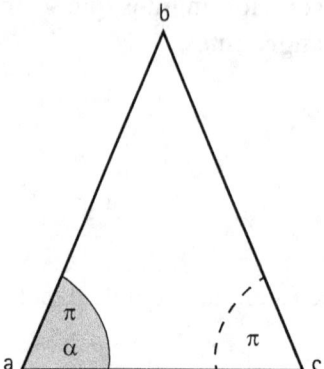

- **Verificar** la congruencia de esos ángulos.

2. **Por plegado.**

- **Dibujar** un triángulo isósceles en una hoja de papel. **Recortar.**

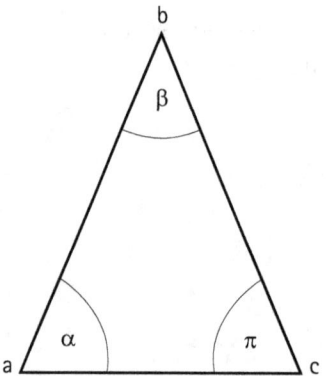

- **Plegar** para superponer sus ángulos adyacentes al lado no congruente (el pliegue coincide con la bisectriz del ángulo no congruente).

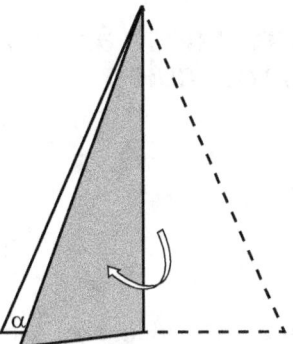

- **Comprobar** la congruencia.

$$\hat{\alpha} =_c \hat{\pi}$$

Relaciones entre lados y ángulos de un triángulo

Para las siguientes actividades proponemos el uso del geoplano o de la trama cuadrangular.

Estos recursos didácticos, ampliamente conocidos por todos, son buenos instrumentos para que los alumnos materialicen formas geométricas y, a través de su uso, descubran relaciones y propiedades de las figuras.

- **Representar** un triángulo isósceles en el geoplano o en la trama cuadrangular.

- **Destacar** el eje de simetría de la figura.

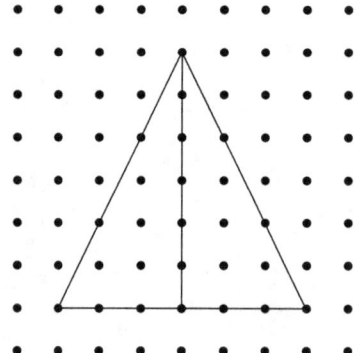

- **Representar** otro triángulo isósceles de modo tal que tenga la misma base y el mismo eje de simetría.

- **Repetir** lo indicado en el punto anterior hasta **obtener** una familia de triángulos isósceles de la misma base.

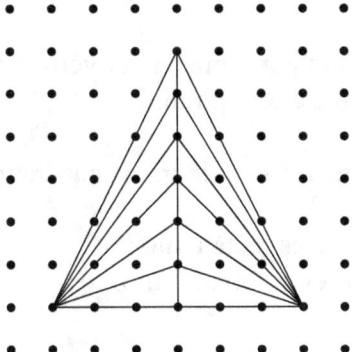

- **Analizar** la situación, **observar**, **describir**, **establecer** semejanzas y diferencias.

- **Comparar** los distintos triángulos que integran la familia y **observar** particularmente las modificaciones que experimentan sus ángulos. **Elaborar** estrategias —reproducción de triángulos en papel, recortado, superposición—, **observar**, **conjeturar**…

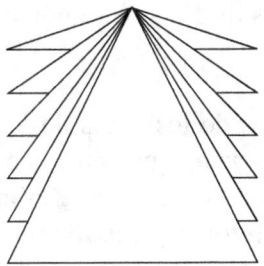

- **Analizar** qué ocurre con la amplitud del **ángulo opuesto** a la base a medida que aumenta (o disminuye) la amplitud de los **ángulos de la base** de cada triángulo.

- **Conjeturar**: ¿a qué valor tiende la amplitud del ángulo opuesto a la base a medida que su vértice se aproxima a la misma?

- **Identificar** la ubicación aproximada del vértice del triángulo equilátero perteneciente a esa familia.

- **Reconocer,** en el geoplano o en la trama cuadrangular:

    - Un triángulo isósceles rectángulo.
    - Un triángulo isósceles obtusángulo.

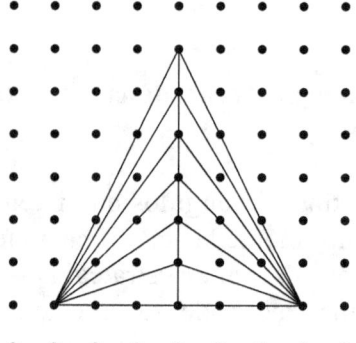

- **Reproducir** en papel los diferentes triángulos isósceles de la familia.

- **Comparar** las longitudes de los lados de los distintos triángulos de la familia y **observar** qué ocurre con las amplitudes de los ángulos opuestos en cada caso. **Elaborar** estrategias: calco, plegado, etc. **Conjeturar** y **justificar**.

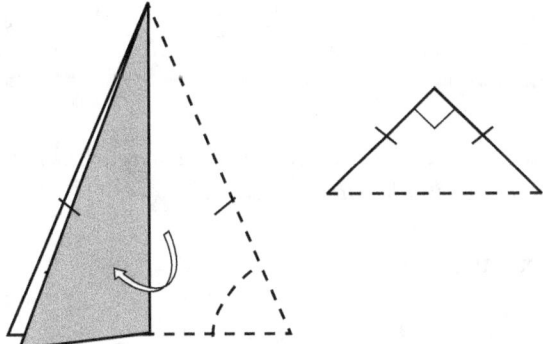

Si dos lados son congruentes ¿**cómo son los ángulos opuestos**?

Si un lado tiene mayor (menor) longitud que los otros dos ¿**cómo es la amplitud del ángulo opuesto a dicho lado respecto de los otros dos**?

- **Analizar** las distintas situaciones y **elaborar** conclusiones. **Generalizar:**

En todo triángulo:

- *A **lados congruentes** se oponen **ángulos congruentes**.*
- *Al **lado mayor** (menor) se opone el **ángulo mayor** (menor).*

¿Cuánto miden las amplitudes de los ángulos interiores de un triángulo equilátero?

- **Dibujar** en papel un triángulo equilátero. **Comparar** las amplitudes de sus ángulos interiores. **Elaborar** posibles estrategias: calcar, recortar, superponer, etc.

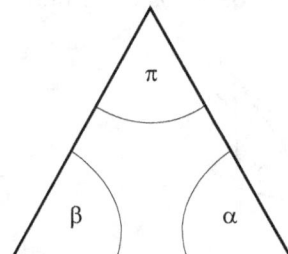 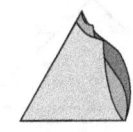

$$\hat{\alpha} =_c \hat{\beta} =_c \hat{\pi}$$

- **Generalizar:** En el **triángulo equilátero** *(lados congruentes)*, los **ángulos son congruentes**. *El triángulo* **equilátero** *es* **equiángulo**.

- **Recordar** la propiedad de la *suma de las amplitudes de los ángulos interiores de un triángulo*.

- **Elaborar** conclusiones.

    med. $\hat{\alpha}$ + med. $\hat{\beta}$ + med. $\hat{\pi}$ = 180°

    y como el triángulo equilátero es equiángulo

    $\hat{\alpha} =_c \hat{\beta} =_c \hat{\pi}$

    med. $\hat{\alpha}$ = med. $\hat{\beta}$ = med. $\hat{\pi}$ = 180° ÷ 3 = 60°

---

*La **amplitud** de cada **ángulo interior** del triángulo **equilátero** es 60°.*

¿Cuánto miden las amplitudes de los ángulos interiores de un triángulo isósceles-rectángulo?

- **Dibujar** un triángulo **isósceles-rectángulo.**

- **Verificar**, por plegado, la congruencia de los lados y de las amplitudes de los ángulos opuestos a los lados congruentes.

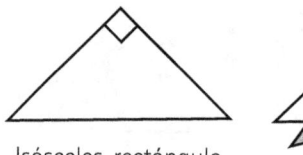
Isósceles-rectángulo
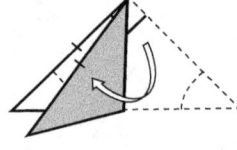

- **Recordar** la propiedad de la *suma de las amplitudes de los ángulos interiores de un triángulo*.

- **Analizar** la situación. **Establecer** relaciones entre las propiedades de los lados y ángulos del triángulo **isósceles-rectángulo.**

- **Calcular** la medida de la amplitud de cada ángulo interior de dicho triángulo.

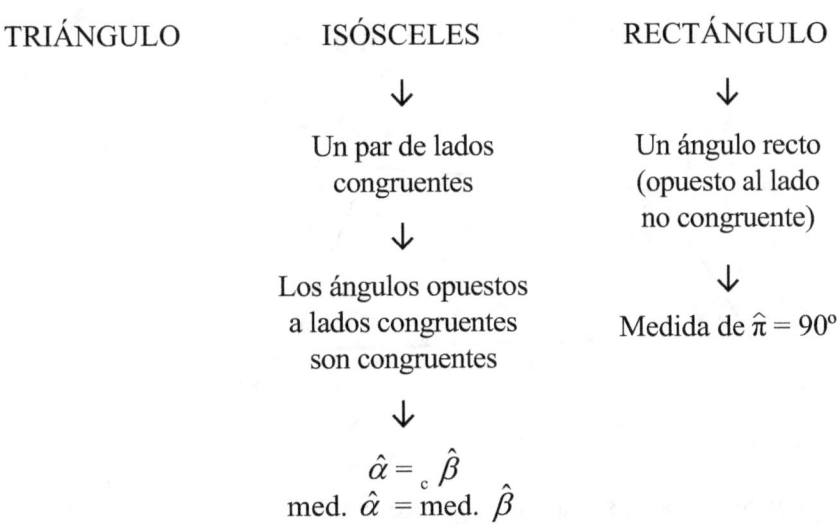

TRIÁNGULO	ISÓSCELES	RECTÁNGULO
	↓	↓
	Un par de lados congruentes	Un ángulo recto (opuesto al lado no congruente)
	↓	↓
	Los ángulos opuestos a lados congruentes son congruentes	Medida de $\hat{\pi} = 90°$

$$\hat{\alpha} =_c \hat{\beta}$$
$$\text{med. } \hat{\alpha} = \text{med. } \hat{\beta}$$

Por la propiedad de la suma de las amplitudes de los ángulos interiores de un triángulo

$$\text{med. } \hat{\alpha} + \text{med. } \hat{\beta} + \text{med. } \hat{\pi} = 180°$$

$$\downarrow \qquad\qquad \downarrow$$

$$\text{med. } \hat{\alpha} = \text{med. } \hat{\beta} \qquad 90°$$

$$\text{med. } \hat{\alpha} + \text{med. } \hat{\beta} + 90° = 180°$$

$$\text{med. } \hat{\alpha} = \text{med. } \hat{\beta} = (180° - 90°) \div 2$$

$$\text{med. } \hat{\alpha} = \text{med. } \hat{\beta} = 45°$$

CUADRILÁTEROS

Propiedad: La **suma** de las amplitudes de los **ángulos interiores** de un **cuadrilátero** es **360°**.

1. **Por recortado.**

- **Dibujar** un cuadrilátero en una hoja de papel.

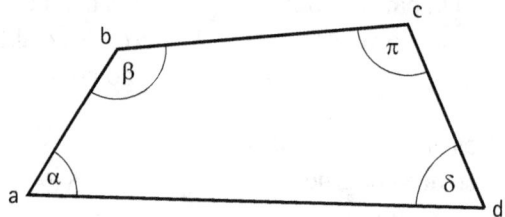

- **Recortar** tres de sus ángulos interiores.

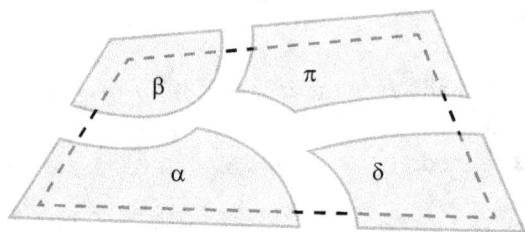

- **Colocar** en forma consecutiva los cuatro ángulos interiores del cuadrilátero.

- **Observar** y **clasificar** el ángulo obtenido.

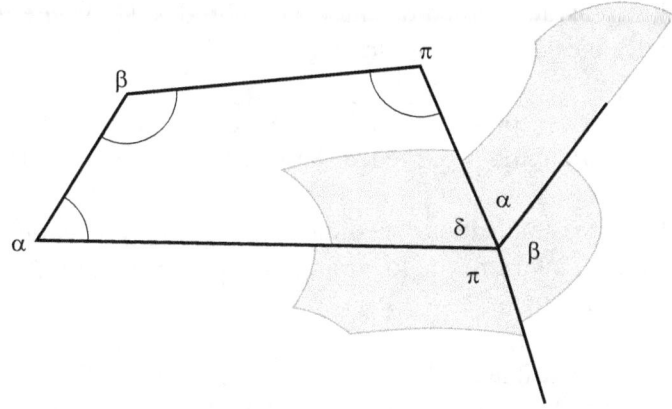

2. **Por trazado de diagonales a partir de un vértice**

- **Dibujar** un cuadrilátero y **trazar** una diagonal.

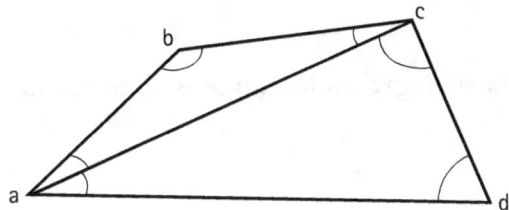

- **Observar** cuántos triángulos quedan formados.

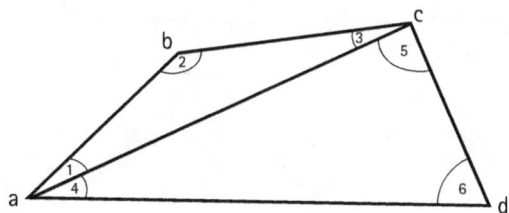

- **Completar**

  - La suma de las medidas de las amplitudes de los ángulos interiores de un triángulo es...

    En el triángulo abc: med. $\hat{1}$ + med. $\hat{2}$ + med. $\hat{3}$ = 180°
    En el triángulo acd: med. $\hat{4}$ + med. $\hat{5}$ + med. $\hat{6}$ = 180°

  - La suma total de las medidas de las amplitudes de los ángulos interiores de los triángulos que se formaron en el cuadrilátero es...

    En el cuadrilátero abcd:
    med ($\hat{1}+\hat{4}$) + med $\hat{2}$ + med ($\hat{3}+\hat{5}$) + med $\hat{6}$ = 360°

- **Concluir:** *La **suma** de las amplitudes de los **ángulos interiores** de un **cuadrilátero** es **360°**.*

Propiedad: En todo **paralelogramo** los **ángulos opuestos** son **congruentes**.

---

1. **Por recortado.**

- **Dibujar** un paralelogramo propiamente dicho y nombrarlo abcd. **Señalar** sus ángulos interiores.

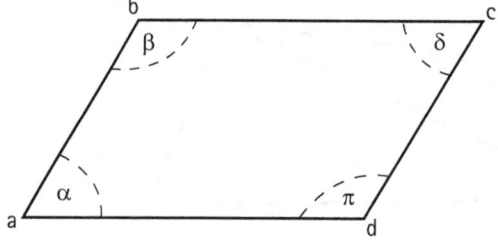

- **Calcar** uno de sus ángulos interiores y **recortar**.

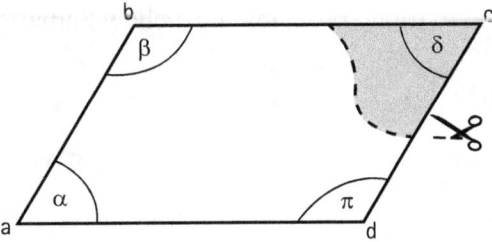

- **Superponer** sobre el ángulo opuesto.

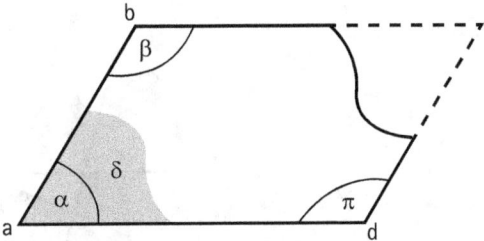

- **Verificar** la propiedad.

- **Repetir** para el otro par de ángulos opuestos.

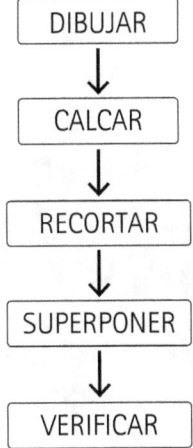

2. **Por movimientos en el plano**

- **Dibujar** un paralelogramo propiamente dicho y llamarlo abcd.

- **Trazar** sus diagonales.

- **Calcar** el paralelogramo.

- **Rotar**
  - centro de giro (punto de intersección de las diagonales)
  - sentido cualquiera
  - amplitud $\frac{1}{2}$ giro

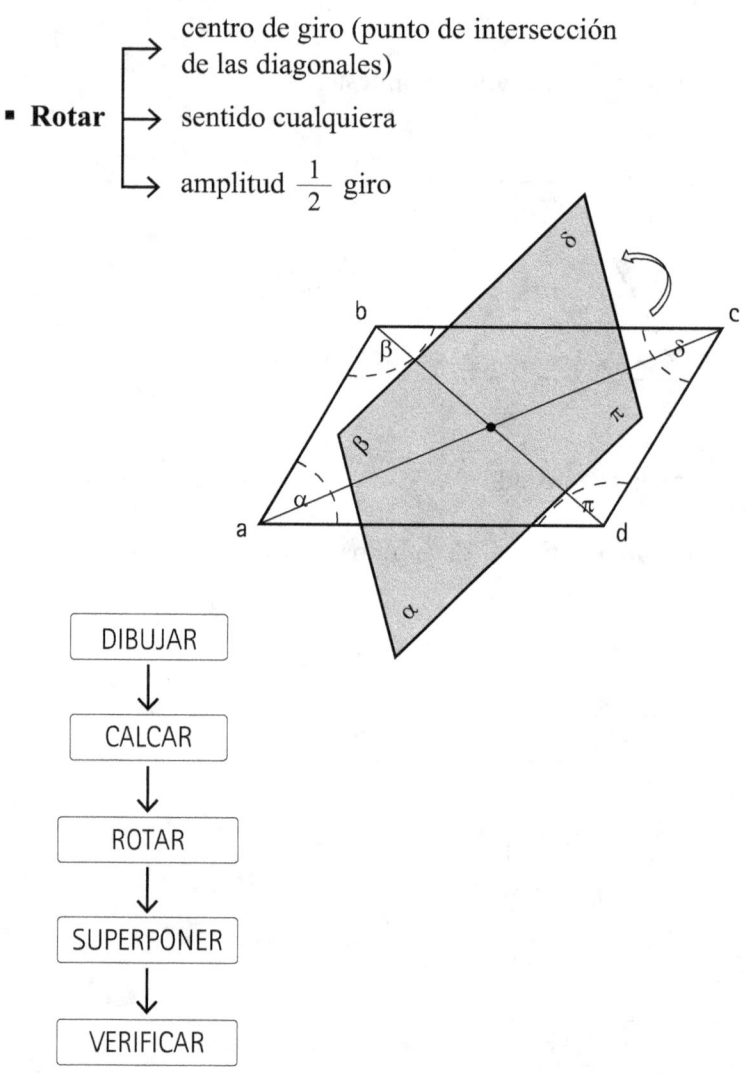

DIBUJAR
↓
CALCAR
↓
ROTAR
↓
SUPERPONER
↓
VERIFICAR

> Propiedad: En el **rombo**, los **ángulos opuestos** son **congruentes**.

Por plegado.

- **Dibujar** un rombo en una hoja de papel y **trazar** sus diagonales.

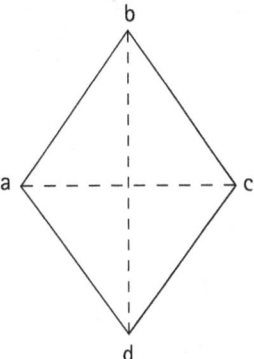

- **Recortar** el rombo.

- **Plegar** por una de sus diagonales y **superponer** los ángulos opuestos.

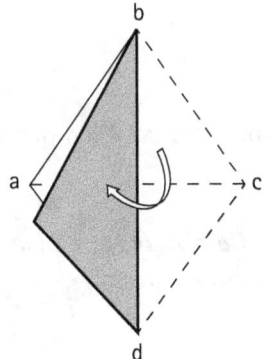

- **Verificar** la congruencia.

- **Repetir** la experiencia plegando por la otra diagonal.

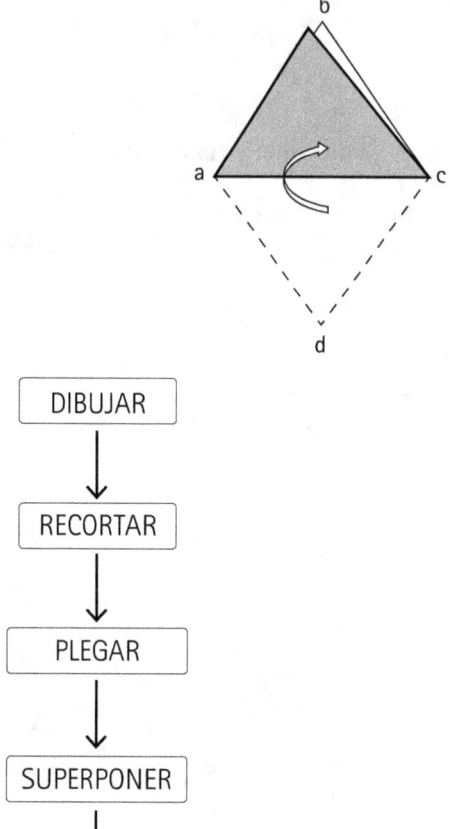

```
┌─────────┐
│ DIBUJAR │
└────┬────┘
     ↓
┌──────────┐
│ RECORTAR │
└────┬─────┘
     ↓
┌────────┐
│ PLEGAR │
└───┬────┘
    ↓
┌────────────┐
│ SUPERPONER │
└─────┬──────┘
      ↓
┌───────────┐
│ VERIFICAR │
└───────────┘
```

Esta estrategia del plegado permite también probar:

Propiedad: *En el **rombo** las **diagonales** son **bisectrices** de los ángulos cuyos vértices unen.*

POLÍGONOS

> Propiedad: La **suma** de las amplitudes de los **ángulos interiores** de un **polígono es igual a 180°. (n-2)**.

Todos sabemos que la resolución de problemas ocupa un lugar fundamental en el proceso de enseñanza-aprendizaje de la matemática. El planteo de problemas y su posterior resolución es un emergente de las teorías didácticas que subyacen.

Los problemas, según los momentos del aprendizaje, cumplen diferentes roles. A continuación presentamos algunas actividades propuestas como problemas, quedando a cargo de los docentes reflexionar sobre estas cuestiones antes de ser llevadas al aula.

¿Cuánto suman las amplitudes de los ángulos interiores de un polígono de *n* lados?

Conocimiento previo:
¿Cuánto suman las amplitudes de los ángulos interiores
de un triángulo?

Conocimientos a investigar:
1. ¿Cuántas diagonales pueden trazarse a partir de un vértice?
2. ¿Cuántos triángulos se forman?

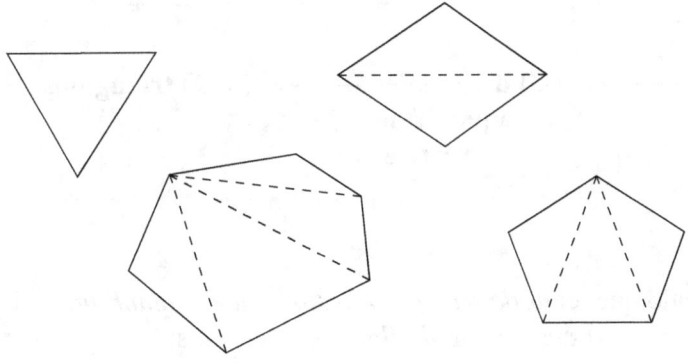

Sintetizando las respuestas a las situaciones anteriores:

NÚMERO DE LADOS	NÚMERO DE DIAGONALES A PARTIR DE UN VÉRTICE	NÚMERO DE TRIÁNGULOS
3	0	1
4	1	2
5	2	3
n	n−3	n−2

Analizando las respuestas anteriores, se puede observar:

- Al aumentar un lado es posible trazar una diagonal más.

- El número de diagonales es el número de lados menos 3.
  n lados ⟶ (n-3) diagonales.

- Al aumentar un lado, es posible agregar un nuevo triángulo que cubre el polígono.

- El número de triángulos es dos menos que la cantidad de lados.
  n lados ⟶ (n-2) triángulos.

Concluir:
n lados ⟶ **(n-3) diagonales** ⟶ **(n-2) triángulos**
a partir de
un vértice

Recordando que: en *todo triángulo la suma de las amplitudes de los ángulos interiores es un ángulo llano*, expresamos:

> n lados ⟶ (n-2) triángulos ⟶ 180° . (n-2)

En síntesis:

POLÍGONOS	Cantidad de lados	Cantidad mínima de triángulos que lo cubren	Suma de las amplitudes de los ángulos interiores
TRIÁNGULO	3	1	180°
CUADRILÁTERO	4	2	180° . 2
PENTÁGONO	5	3	180° . 3
HEGÁGONO	6	4	180° . 4
HEPTÁGONO	7	5	180°. 5
OCTÓGONO	8	6	180° . 6
DECÁGONO	10	8	180° . 8
n LADOS	n	n-2	180° . (n-2)

> Siempre hay dos triángulos menos que la cantidad de lados, podemos concluir *en un polígono las suma de las amplitudes de los ángulos interiores es 180° . (n-2).*

Esta generalización obtenida a través de la regularidad encontrada, en matemática se llama PATRÓN.

¿Qué es un patrón?

Las regularidades no son privativas de la matemática, están presentes en la naturaleza, la música y el arte, constituyendo así un enlace natural entre la matemática y las demás asignaturas.

> *Un patrón es una situación que se repite con regularidad.*

Su uso es una estrategia que sirve como herramienta de pensamiento.

Este estudio comienza en Nivel Inicial con material concreto, se profundiza en el Nivel Primario y se formaliza durante el transcurso del Nivel Medio.

Los patrones pueden ser numéricos o no numéricos, si se emplean formas, sonidos u otros atributos como el color y la posición.

Existen tres tipos de patrones básicos:

- **De repetición.**

    Ejemplo: △ ☐ ◇ △ ☐ ◇ △ ☐ ◇ △ ☐ ◇

- **De crecimiento.**

    Ejemplo: △ ○ △ ○ ○ △ ○ ○ ○

- **De relación.**

    Ejemplo: *dado un cierto número le corresponde su duplo aumentado en una unidad.*

A	B
3	7
8	17
24	49
...	...
...	...
...	...

Al principio los alumnos exploran los patrones en forma oral o escrita, atravesando los siguientes niveles:

- Reconocimiento.

- Descripción.

- Prolongación, interpretación, comunicación.

- Creación de patrones o series.

Más adelante comienza el proceso de análisis de los patrones, tratando de determinar una regla de formación que permite generalizar el proceso.

Por lo tanto, para conjeturar un patrón, es importante:

- **Probar** con muchos ejemplos.
- **Trabajar** sistemáticamente.
- **Guardar** un registro de lo que se hace.
- **Comprobar** que funcione.

Del patrón a la generalización

1. **¿Cómo podemos calcular la medida de cada ángulo interior de un polígono regular?**

Recordando: *en un **polígono convexo** la **suma de las amplitudes de los ángulos interiores** es 180°. (n-2).*

Analizando el caso del triángulo equilátero, se puede observar que:

- La **suma** de las **amplitudes** de los **ángulos interiores** de un **triángulo** es igual a **180°**.
- El **triángulo equilátero** es **equiángulo**.
- La **medida** de cada **ángulo interior** $\longrightarrow \dfrac{180°}{3} = 60°$

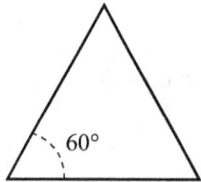

Para el caso del cuadrado:

- La **suma** de las **amplitudes** de los **ángulos interiores** de un **cuadrilátero** es **360°**.

- El **cuadrado** es un **rombo equiángulo**.

- La **medida** de cada **ángulo interior** $\rightarrow \dfrac{360°}{4} = 90°$

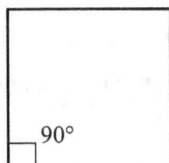

Para el pentágono:

- La **suma** de las **amplitudes** de los **ángulos interiores** de un **pentágono** es **540°**.

- La **medida** de cada **ángulo interior** de un **pentágono regular**

  $\rightarrow \dfrac{540°}{5} = 108°$

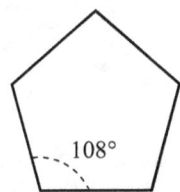

En síntesis:

POLÍGONOS REGULARES	Suma de las amplitudes de los ángulos interiores	Medida de cada ángulo interior
Triángulo equilátero	180°	$\dfrac{180°}{3} = 60°$
Cuadrado	360°	$\dfrac{360°}{4} = 90°$
Pentágono regular	540°	$\dfrac{540°}{5} = 108°$

Al generalizar, para un polígono de **n** lados, encontramos la siguiente regularidad:

> ***Medida** de **cada ángulo interior** de un*
>
> *polígono regular* $= \dfrac{\textit{suma amplitudes ángulos interiores}}{\textbf{n}}$

n : número de ángulos interiores de la figura.

2. **¿Cuál es el valor de cada ángulo central de un polígono regular?**

   Problemas previos:

   - **¿Cuánto mide** el **ángulo** de un **giro**?
     El ángulo de un giro mide 360°.

   - **¿Cuántos triángulos** cubren a un **polígono regular,** trazando los **segmentos** que unen el *punto central* (*) con cada **vértice** de la figura?

   - **¿Cuánto suman** las **amplitudes** de los **ángulos centrales** (**) de cada **polígono regular**?

      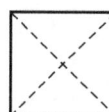 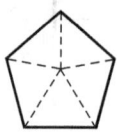

(*) El punto central de un polígono regular equidista de los vértices de la figura.
(**) El ángulo central de un polígono regular es el ángulo cuyo vértice es el punto central y sus lados pasan por los vértices de la figura.

Sintetizando:

Número de lados	Número de triángulos
3	3
4	4
5	5
n	n

A partir de la tabla podemos expresar:

- El **número** de **triángulos** que cubren al **polígono regular** es igual al **número de lados** del mismo.

Al dibujar los triángulos que cubren a cada figura se visualizan los ángulos centrales de cada polígono regular.

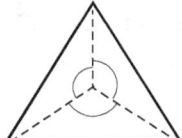 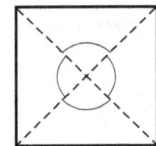 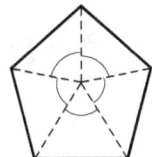

- El **número** de **ángulos centrales** es igual al **número** de **triángulos** que cubren la **figura**.

- La **suma** de las **amplitudes** de los **ángulos centrales** de cada **polígono regular** es 360º.

En síntesis:

POLÍGONO REGULAR (Nombre)	Número de lados	Número de ángulos centrales	Medida de cada ángulo central	POLÍGONO REGULAR (Figura)
Triángulo equilátero	3	3	360°:3=120°	
Cuadrado	4	4	360°:4=90°	
Pentágono regular	5	5	360°:5=72°	

Para un polígono de n lados, ¿**qué regularidad encontramos**?

$$\textit{Medida de cada ángulo central de un polígono regular} = \frac{\textit{amplitud del ángulo central}}{n}$$

n : número de ángulos centrales de la figura.

3. ¿Cuánto suma en cada figura, la medida del ángulo interior con la medida del ángulo central?

A partir de las regularidades anteriormente analizadas, podemos expresar:

POLÍGONO REGULAR	Medida de cada ángulo interior	Medida de cada ángulo central	Suma amplitudes (ángulo interior + ángulo central)
Triángulo equilátero	60°	120°	180°
Cuadrado	90°	90°	180°
Pentágono regular	108°	72°	180°

Verificar si se cumple para los siguientes polígonos regulares: hexágonos, heptágonos, octógonos,...

Si ese patrón geométrico es válido, podemos generalizar:

Medida del ángulo interior + medida del ángulo central = 180°.

4. ¿Cuánto suman las amplitudes de los ángulos exteriores de un polígono de n lados?

Analizando el caso del triángulo se puede observar que:

- El número de ángulos exteriores es 3, o sea que coincide con la cantidad de lados y de ángulos interiores.

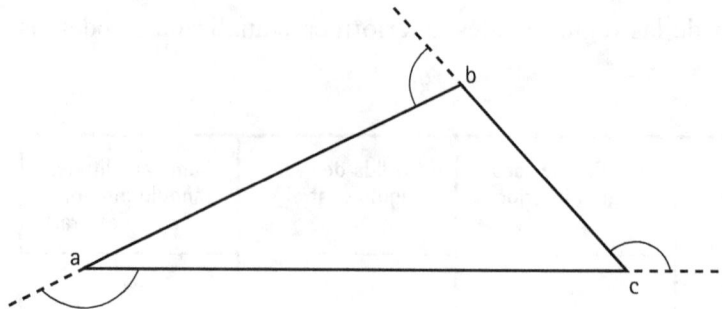

- Cada ángulo exterior del triángulo es adyacente al ángulo interior correspondiente, luego:

Medida ángulo interior + medida ángulo exterior = 180°

- Suma de ampl. (áng.interior+áng.exterior) ⟶ 180°.3= 540°

  Suma de ampl. ángulos interiores ⟶ 180°

  Suma de amplitudes ángulos exteriores ⟶ 540°-180°

  Suma de amplitudes ángulos exteriores ⟶ 360°

Para el cuadrilátero.

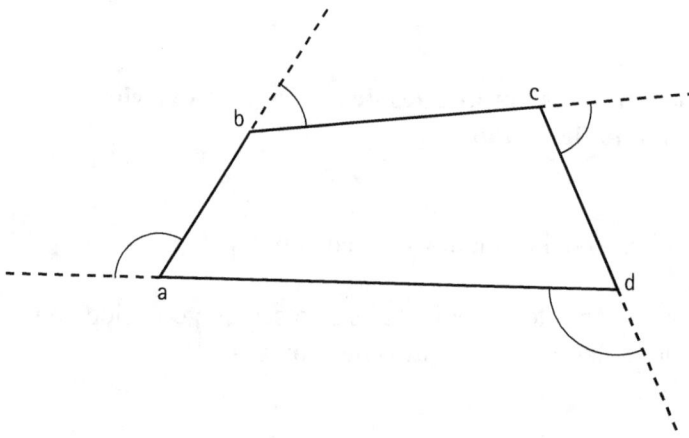

Suma de ampl. (áng.interior+áng.exterior) ⟶ 180°.4= 720°

Suma de ampl. ángulos interiores ⟶ 180°.2= 360°

Suma de amplitudes ángulos exteriores ⟶ 720°-360°

Suma de amplitudes ángulos exteriores ⟶ 360°

Analizando qué ocurre en los polígonos de más de cuatro lados:

POLÍGONO	Número de ángulos exteriores	Suma de amplitudes (ángulo interior + ángulo exterior)	Suma de amplitudes de ángulos exteriores
Triángulo	3	180°·3	180°·3-180°=360°
Cuadrilátero	4	180°·4	180°·4-180°·2=360°
Pentágono	5	180°·5	180°·5-180°·3=360°
n lados	n	180°·n	180°·n-180°(n-2)= 180°·n-180°·n+180°·2= 360°

- **Concluir**: *En un polígono la suma de las amplitudes de los ángulos exteriores es 360°.*

Otro recurso metodólogico para estudiar ángulos: *los espejos*

Resulta importante, en el proceso de enseñanza-aprendizaje de los contenidos matemáticos, utilizar distintos materiales. Elegimos como recurso metodológico los **espejos**, que permiten plantear situaciones analíticas para que cada alumno, en forma personal, tenga la posibilidad de manipularlos y comprobar el resultado de sus vivencias.

Al introducir los espejos en el estudio de la geometría, en la etapa manipulativa, surgen dos caminos:

- El de los **espejos planos** que llevará a la simetría y la congruencia.

- El de los **espejos curvos**, donde se abordan las homotecias y las semejanzas.

1. **Con espejos planos.**

- **Indagar** la inversión objeto-imagen, colocándose delante del espejo.

- **Levantar** la mano derecha y **observar** qué mano se ve levantada y de qué tamaño.

2. **Con espejos en ángulo.**

- **Construir** un *libro de espejos*. (*)

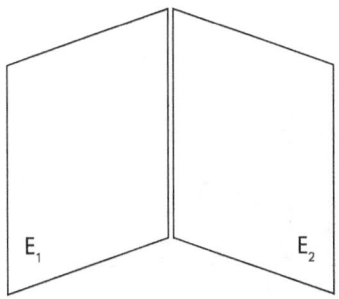

- **Indagar** la relación entre el ángulo de abertura de los espejos y el número de imágenes que se forman.

- **Ubicar** un objeto dentro del *libro de espejos* y **observar** el número de veces que se ve reflejado el objeto.

- **Utilizar** como ayuda un transportador colocado debajo de los dos espejos para poder medir el ángulo e ir variando su abertura: 90°; 60°; 30°.

  - Vista de arriba.

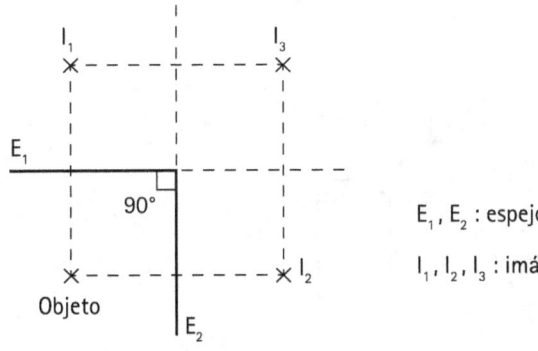

E_1, E_2 : espejos

I_1, I_2, I_3 : imágenes

(*) Libro de espejos: Dos espejos planos unidos con una cinta engomada.

- Vista en perspectiva.

Para el ángulo de 90°.

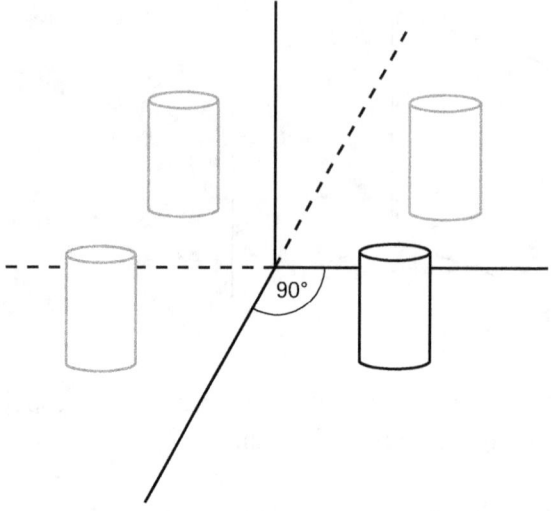

Para el ángulo de 60°.

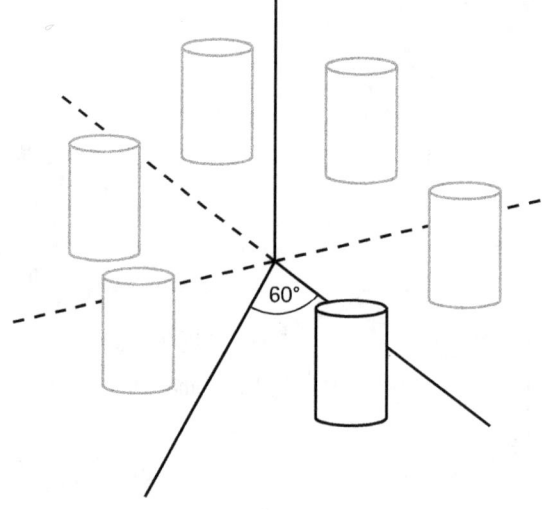

- **Observar** el número de imágenes según el ángulo de abertura de los espejos.

- **Volcar** la información en una tabla.

Ángulo que forman los espejos	Cantidad de imágenes
90°	3
60°	5
30°	11

- **Elaborar** una conjetura.

- **Concluir**: *el número de imágenes aumenta cuando disminuye el ángulo de abertura.*

- **Proponer** a los alumnos, **completar** el siguiente cuadro.

Ángulo que forman los espejos	Cantidad de imágenes	$\dfrac{360°}{\hat{\alpha}}$
90°	3	4
60°		
30°		

- **Comparar** los datos de las tres columnas.

- **Concluir**: *El cociente $360° \div \hat{\alpha}$ es una unidad mayor que el número de imágenes que corresponden al ángulo $\hat{\alpha}$.*

$$\text{número de imágenes} = \frac{360°}{\hat{\alpha}} - 1$$

Utilizando espejos en figuras geométricas

- **Formar** figuras utilizando espejos.

    - **Dibujar** en una hoja de papel un triángulo rectángulo-escaleno de ángulos 90°, 60° y 30°.

    - **Apoyar** el *libro de espejos* sobre uno de los ángulos del triángulo, por ejemplo el de 90°.

    - **Observar** la figura que se forma en los espejos al reflejarse el lado descubierto del triángulo.

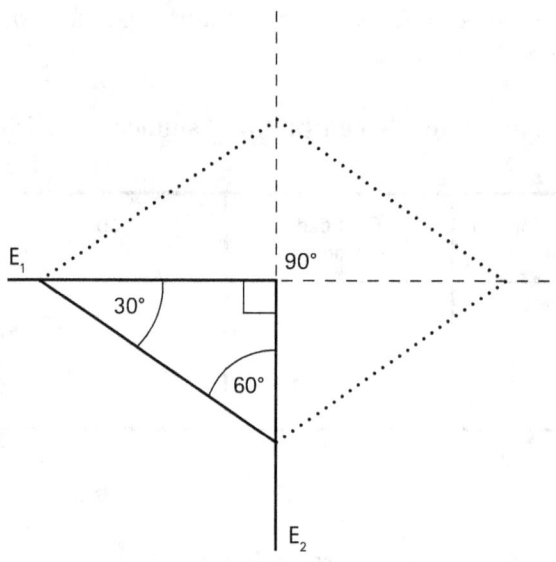

La figura resultante es un rombo

- **Repetir** la actividad anterior apoyando el *libro de espejos* sobre los otros ángulos del triángulo: 60° y 30°.

- **Observar** la figura que se forma.

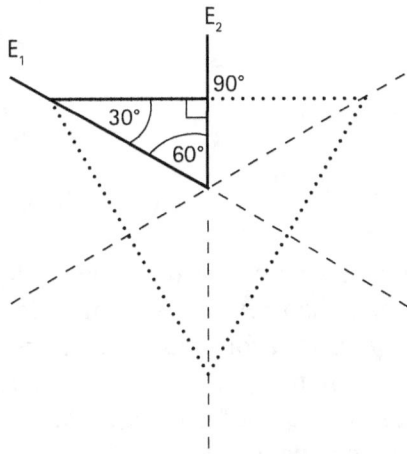

La figura resultante es un triángulo equilátero

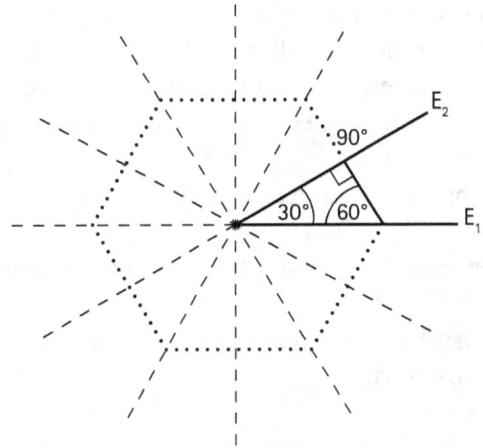

La figura que se obtiene es un hexágono regular

Recubrimiento del plano

Para analizar el tema recurrimos a una síntesis de su historia. Las antiguas civilizaciones han revestido o embaldosado superficies planas como pisos, muros, alfombras, ventanales, mediante la repetición de una o varias figuras geométricas, teniendo en cuenta que éstas no se superpusieran ni quedaran partes sin cubrir. Los sumerios empleaban arcilla cocida que coloreaban y esmaltaban para formar modelos geométricos. Posteriormente los persas, los moros y los musulmanes demostraban maestría mediante el **revestimiento** o **embaldosamiento** de superficies planas llamadas mosaicos.

Mosaico es una **teselación** del plano a partir de una forma o conjunto de formas que se repiten y rellenan el plano, sin dejar huecos.

La creación y exploración de las teselaciones o recubrimiento del plano proporciona un contexto interesante para la investigación geométrica.

Este contenido abarca tres niveles de actividad:

- **Investigación** sobre las formas de teselar el plano con polígonos regulares.
- **Diseño** de mosaicos por diferentes procedimientos.
- **Análisis** de mosaicos.

El caso particular de recubrimientos del plano que nos interesa es el formado por polígonos, la figura que se recubre suele ser el plano completo.

Recordando la propiedad de los ángulos interiores de polígonos regulares, se sugiere presentar el siguiente problema:

¿Es siempre posible, conocido el valor de cada ángulo interior, embaldosar un patio, cubriendo la superficie usando cualquier tipo de polígonos?

Para responder es necesario construir y recortar figuras como: cuadrados, rectángulos, rombos, paralelogramos, triángulos equiláteros, pentágonos regulares, hexágonos regulares.

Comenzamos con el triángulo. Sabemos que la suma de las amplitudes de los ángulos interiores es de 180°, dibujamos un triángulo en el que marcamos los ángulos $\hat{1}$, $\hat{2}$ y $\hat{3}$, luego recortamos varios triángulos congruentes con el dibujado y los colocamos de forma que, en torno a un vértice, obtengamos 360° para cubrir el plano. Lo repetimos varias veces y obtenemos una **teselación triangular.**

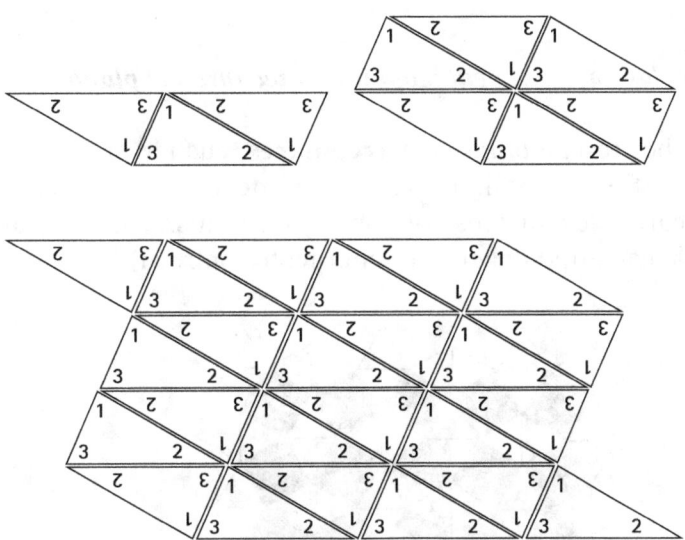

En el caso de hexágonos regulares, cada ángulo interior mide 120°, con tres de ellos podemos obtener 360° alrededor de un vértice.

Este tipo de teselaciones que se logran a partir de la repetición y traslación de polígonos regulares todos congruentes, se llaman **teselaciones regulares.**

¿Será posible cubrir una superficie usando sólo pentágonos regulares todos congruentes?

Cada ángulo interior del pentágono mide 108° y por lo tanto no podemos conseguir 360°, porque:

- Con tres pentágonos obtenemos 324°.
- Con cuatro pentágonos obtenemos 432°.

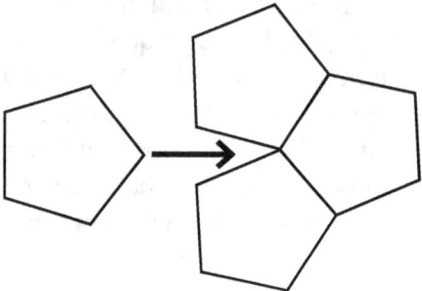

Concluir: las baldosas pentagonales no recubren el plano.

Puede haber **teselaciones semirregulares**, cuando se combinan dos o más tipos de polígonos regulares, de modo que en cada vértice concurren los mismos polígonos y en el mismo orden (los polígonos de cada tipo deben ser congruentes entre sí).

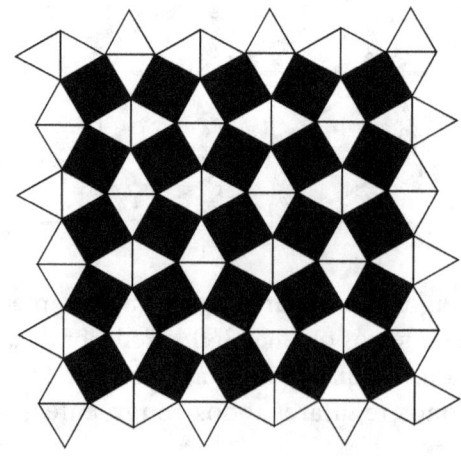

También pueden lograrse **teselaciones irregulares**. Éstas presentan polígonos no regulares.

Las teselaciones sirvieron de inspiración artística a los árabes que dejaron en el palacio de la Alhambra de Granada prueba de sus conocimientos geométricos, donde se pueden contemplar bellos mosaicos decorados.

También ha producido teselaciones el pintor holandés Escher (1898-1972), cubriendo el plano con camellos, con caballitos de mar y con pájaros.

 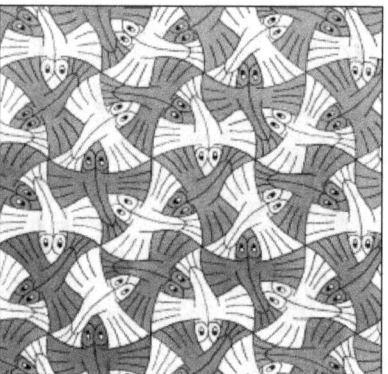

Escher, Caballito de mar (fragmento).   Escher, Pájaro (fragmento).

Estos diseños tienen la particularidad de utilizar repetidamente una misma forma para cubrir exactamente una superficie plana mediante la traslación de una pieza en dos direcciones; en otros casos, además de las traslaciones, se utilizan rotaciones de 180°.

Armar embaldosados

- **Entregar** por grupos de tres o cuatro alumnos, planchas con cuadrados, rombos, rectángulos, paralelogramos, triángulos isósceles, hexágonos regulares y pentágonos regulares.
- **Tratar** de formar embaldosados con las distintas figuras recortadas.
- **Sacar** conclusiones.

Reconocer teselados

- **Reconocer** en las siguientes figuras los tipos de teselaciones o cubrimientos.
- **Indicar** en cada gráfico qué figuras concurren en cada vértice.

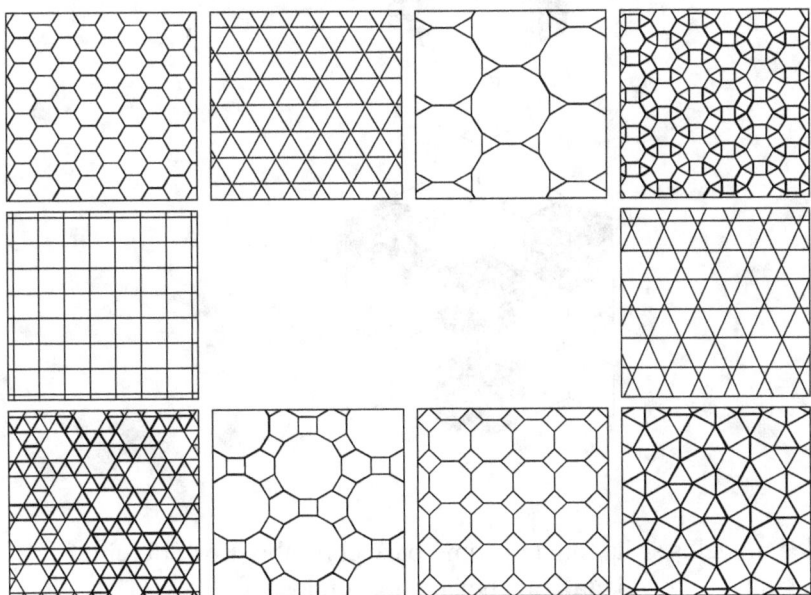

Visualizar formas geométricas

- **Proponer** al alumno **colorear** las figuras de cada plancha con distintos colores o intensidades de un mismo color, para ver los efectos visuales que producen.

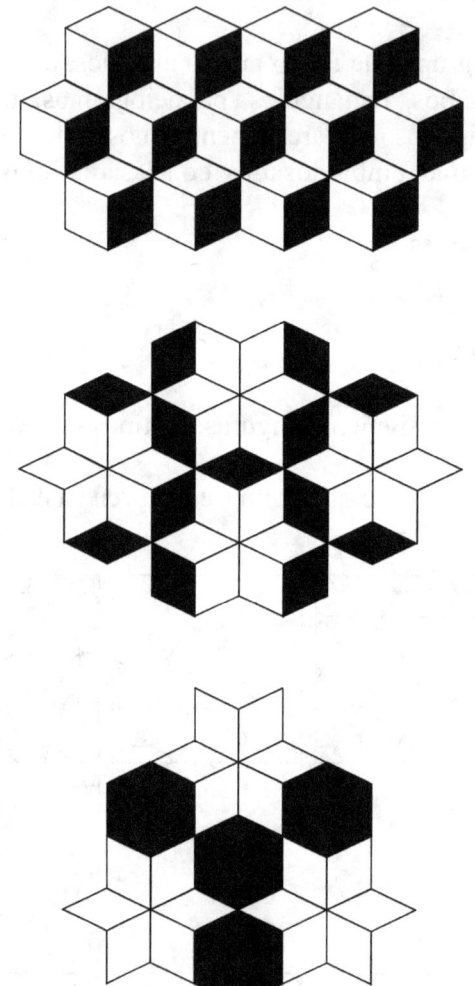

En los modelos se ha tomado como base el rombo. Los diferentes coloreados permiten **visualizar**: hexágonos, cubos, etc.

PROPUESTA DE TRABAJO

Sólo quien se atreva a enfrentar sus propios cuestionamientos, podrá transmitir al alumno algo más que una forma rígida y repetitiva. Podrá despertar en él **el deseo de saber**.

Agradecemos la colaboración de las maestras Alcira M. Piatti y Zulma G. de Nicosia que gentilmente nos hicieron llegar esta propuesta de trabajo realizada con sus alumnos, bajo la supervisión de la Directora de la Escuela Nº 1183 "Nuestra Señora de Pompeya", Profesora Alicia María Piatti.

ENCUENTRO MATEMÁTICO

Mosaicos de polígonos regulares

Escuela: Ntra. Sra. de Pompeya de la ciudad de Rosario
Coordinadoras docentes: Alcira M. Piatti / Zulma G. de Nicosia

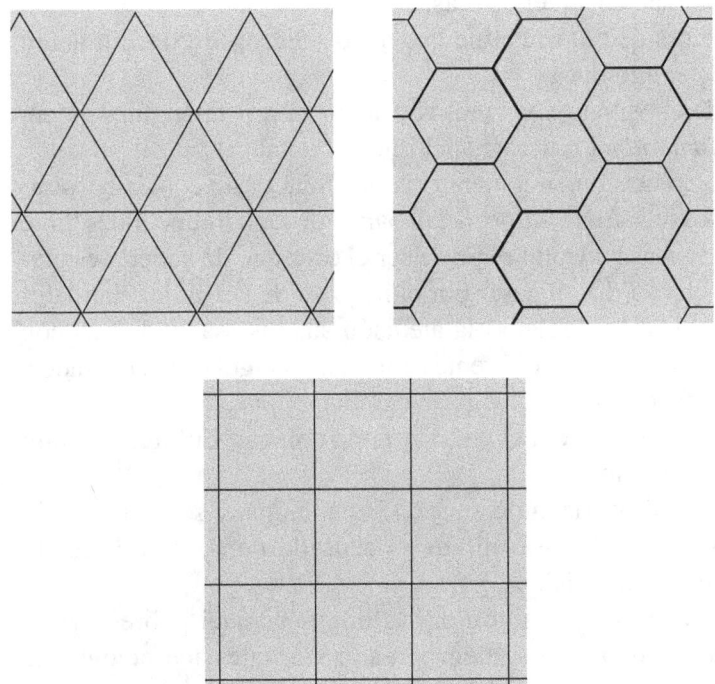

Con motivo de un encuentro inter-escolar las maestras citadas presentaron el siguiente trabajo realizado con sus alumnos.

JUICIO POR EMBALDOSADO

<u>1ra. Parte</u>: La acusación.

¡Orden en la sala! ¡Todo el mundo de pie! El honorable Sr. Geométrico, juez en primera instancia, tendrá el honor de presidir la sesión:

Prácticamente todo el vecindario se había dado cita. La señorita Diagonal, quien les contaba los últimos "chimentos"; Don Hexágono, sentado al lado de Don Cuadrado comentaba acerca de lo lenta que era la justicia en aquellos días.

Hacía meses que Don Felipe había sido detenido y recién ahora se celebraba el juicio.

Detrás de ellos varios vecinos rodeaban a Don Triángulo, quien, por su *proximidad* a los actores del juicio, contaba:

—"Todo comenzó con la denuncia de Doña Pastina". Ustedes saben que todos nosotros vivimos en el barrio de Don Felipe. Pues bien, Doña Pastina acusó a Don Felipe de ser el causante de haberla estafado. Cuenta que un día, al pasar por el negocio de venta de materiales para la construcción, le llamó la atención sus vistosas vidrieras con cerámicos para pisos de diferentes formas, triangulares, cuadrados, hexagonales y pentagonales, y quiso cambiar el piso de su cocina.

Grande fue su sorpresa cuando lo fue a colocar. Enfurecida salió a denunciar la estafa.

Dicho esto, Don triángulo se sacó los anteojos y se sentó no sin antes lanzar una lastimosa mirada al acusado como corroborando con ello lo que había dicho.

Muy pocos en la sala sintieron lástima por aquel pobre y viejo comerciante del barrio; si se llegaban a probar tales acusaciones, le esperaban varios años de cárcel.

El Juez Don Geométrico se dirigió al acusado:

—Señor Don Felipe, dueño de la casa de construcción, se declara usted ¿culpable o inocente?

—Inocente, señor Juez —respondió el Señor Felipe.

—Mentiroso —gritó Doña Pastina— Todo el mundo sabe que esas baldosas no sirven, por eso las vendió baratas.

—Un gran murmullo se oyó en la sala.

—¡Silencio en la sala o la haré desalojar! —dijo el Juez y agregó con voz potente y autoritaria—: Comienza el juicio, Señor Fiscal, su turno.

2da. Parte: Frente a frente.

El Señor Juez había concedido el turno al fiscal.

El Fiscal de la corte se paró despaciosamente, miró hacia el auditorio, sonrió maliciosamente y dijo:

—Su Señoría, voy a citar a declarar a mi testigo. Que pase por favor el Señor Pérez.

Don Pérez subió al estrado, juró decir toda la verdad y luego se sentó.

En realidad, estaba francamente asustado aunque no lo demostraba. Temía decir algo que implicara a Don Felipe, su compañero de años, pero debía contar las cosas como eran.

—Señor Pérez: ¿Podría usted decirnos si Don Felipe vendió esas baldosas sin conocer que no servían?

—Sí Señor Fiscal, que estaban baratas era cierto y muy lindas también, pero creo que Don Felipe desconocía que no servían. Siempre fue un comerciante honesto.

—Gracias, no más preguntas —dijo el fiscal.

—Ahora, le toca a usted, Señor Defensor —dijo el Juez.

—Pues...; si... me gustaría citar a los Señores Polígonos Regulares.

La sala entera explotó en expresiones de asombro. ¿Cuál era el secreto que nadie conocía? ¿Podría ayudar a Don Felipe o sólo ayudaría a condenarlo?

3ra. Parte: Buscando la verdad.

Los señores polígonos regulares suben al estrado, juran decir la verdad y se acomodan en el sillón mirando fijamente al Señor defensor. Éste se les acerca y dice:

—Están aquí para comprobar su posibilidad de participar en el embaldosado de un piso o en el revestimiento de una pared.

Luego les pregunta:

—¿Cuáles de ustedes son capaces de armar un embaldosado?

Se levantan los Señores Polígonos regulares: Don Triángulo, Don Cuadrado, Don Hexágono y arman el mosaico por sí solos.

—¡Nosotros servimos! Estamos bien juntitos.

Pasan el octógono, el dodecágono, pero llevan escondidos triángulos y cuadrados.

Los Señores Polígonos triángulo, cuadrado y hexágono, protestan desaforadamente:

—¡Esto no vale! Necesitan de nuestra ayuda, no pudieron por sí solos.

Mientras tanto, el Señor Pentágono se encuentra solito, escondido en un rinconcito, medio avergonzado.

Fue cuando el Señor Fiscal, le pidió su justificación:

—Sube al estrado y arma tu mosaico.

Grande fue la emoción de Doña Pastina cuando irrumpe en la sala a los gritos diciendo:

—¡Vieron que es verdad, que no mentía, Don Felipe me estafó!

Don Felipe asombrado pregunta:

—¿Por qué no sirve si es tan lindo Don Pentágono?.

El Señor Defensor pide a cada uno de los Polígonos Regulares que justifiquen cuando pueden o no cubrir una superficie.

Ahora mis compañeros les entregarán a cada uno de ustedes una actividad para que jugando encuentren qué polígonos regulares sirven para armar mosaicos.

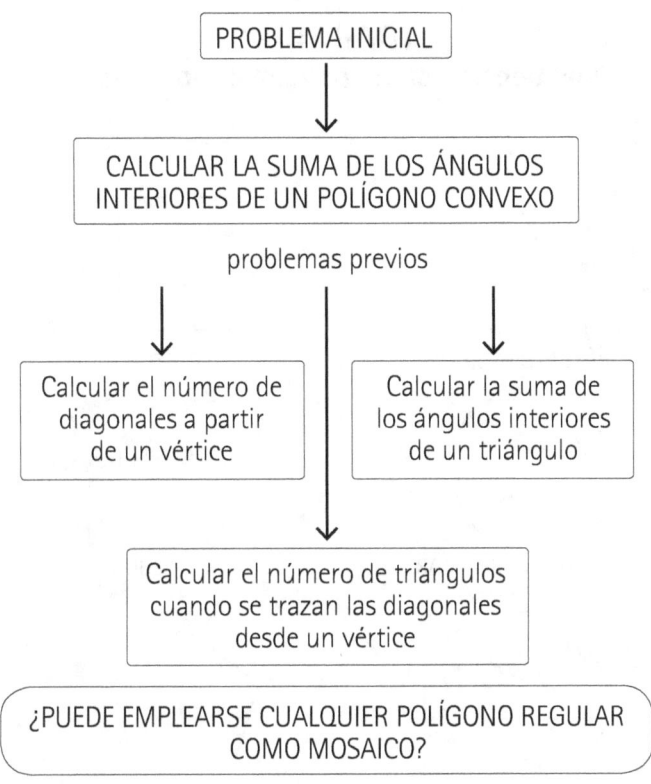

INVESTIGA, BUSCA Y CONSTRUYE MODELOS

JUEGA CON TU CREATIVIDAD

¡A TRABAJAR!
Aquí tienen algunos polígonos regulares:

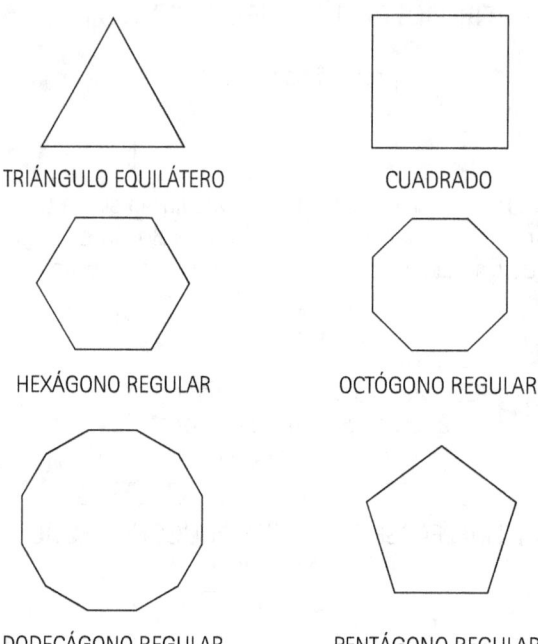

TRIÁNGULO EQUILÁTERO

CUADRADO

HEXÁGONO REGULAR

OCTÓGONO REGULAR

DODECÁGONO REGULAR

PENTÁGONO REGULAR

ANEXO

Trama cuadrangular

ANEXO

Trama cuadriculada

Bibliografía

ADAM, Rosa; BELLA, Alicia; CICERCHIA, Elvira (1985) *Introducción a la Física,* Módulo 1 "Errores de medición en el laboratorio", Serie de publicaciones de la Universidad Nacional de Rosario.

ALSINA, C.; BURGUÉS, C.; FORTUNY, J. (1990) *Invitación a la Didáctica de la Geometría,* Editorial Síntesis, España.

——————(1991) *Materiales para construir la Geometría,* Editorial Síntesis, España.

——————(1991) *Construir la Geometría,* Editorial Síntesis, España.

ALSINA, C.; FORTUNY, J.; PÉREZ GÓMEZ, R. (1995) *¿Por qué Geometría?,* Editorial Síntesis, España.

ANDRÉS, Marina; PIÑEIRO, Gustavo; SERPA, Bruno; SERRANO, Gisela; PÉREZ, Marta (2007) *Matemática I,* Editorial Santillana, Buenos Aires.

BRESSAN, Ana Ma.; REYNA, Ignacio; ZORZOLI, Gustavo (2003) *Enseñar Geometría,* Editorial Styka, Uruguay.

BROITMAN, Claudia; GRIMALDI, Verónica; PONCE Héctor (2007) *Estudiar Matemática- Libro del docente (7mo. Grado),* Editorial Santillana, Buenos Aires.

CANOSA, Marta Fernández; VILLAR, Alicia (1994) *Matemática Experimental Enfoque constructivista con recursos lúdicos,* Editorial Kapelusz, Buenos Aires.

CASTELNUOVO, Emma (1963) *Geometría Intuitiva,* Editorial Labor, Barcelona-Madrid.

Dienes, Z.P.; Golding, E.W. (1976) *Los primeros pasos en matemática 3" —Exploración del espacio y práctica de la medida—*, Editorial Teide, Barcelona.

Fones, María Amalia (1997) *Geometría, el tesoro escondido*, CEEMA. Grupo editor multimedial, Buenos Aires.

García, Ana Ma.; ZORZOLI, Gustavo. *Lápiz y papel*, Tiempos Editoriales, Buenos Aires.

García Arenas, Jesús; Bertran, Celeste (1998) *Geometría y experiencias*, Ediciones Addison-Wesley-Longani, México.

Godino, Juan; Ruiz, Francisco (2004) *Geometría y su didáctica para maestros*, Proyecto EDUMAT-Maestros Ediciones.

Itzcovich, Horacio (2005) *Iniciación al estudio didáctico de la Geometría*, Libros del Zorzal, Buenos Aires.

López, Alicia; Pellet, Claudia (2000) *Matemática en red. 7mo. EGB 3er. Ciclo*, A-Z Editora, Buenos Aires.

Rey, María Ester (1992) *Didáctica de la matemática I; II; III*. Editorial Estrada, Buenos Aires.

Ross, Nancy (1998) *La matemática a través de los espejos*, Ediciones Novedades Educativas, Buenos Aires.

Socas, Ma. Isabel (1994) *Matemática 1*, Editorial Kapelusz, Buenos Aires.

Documentos curriculares

Ballatore, Adriana; Bottazzi, Ma. Olga; Piatti, Alicia; Prieto, Lucrecia (1995) *Documentos de la R.F.F.D.C.*, Rosario.

Devoto de Cortés, Graciela. Apuntes de curso de perfeccionamiento docente "Del Patrón a la función". *Documentos de la R.F.F.D.C..* Rosario.

Matemática. Metodología de la enseñanza (estructura modular 1) PRO CIENCIA. Conicet.

Ministerio de Educación de la Provincia de Santa Fe. PROCAP, Santa Fe, (2004-2005).

Ministerio de Educación, Ciencias y Tecnología de la Nación (2006) *Cuadernos para el aula. Matemática 1 a 6*. Buenos. Aires.

Proyecto de mejoramiento de la calidad de la educación (2008) Perfeccionamiento docente. Buenos Aires.

www.ingramcontent.com/pod-product-compliance
Lightning Source LLC
Chambersburg PA
CBHW080546220526
45466CB00010B/3056